陈 韬 著

生态视野下的室外活动空间设计研究

沈阳出版发行集团
沈阳出版社

图书在版编目（CIP）数据

生态视野下的室外活动空间设计研究 / 陈韬著 . -- 沈阳：沈阳出版社, 2018.8
 ISBN 978-7-5441-9691-8

Ⅰ.①生… Ⅱ.①陈… Ⅲ.①城市空间 – 建筑设计 – 研究 Ⅳ.① TU984.11

中国版本图书馆 CIP 数据核字 (2018) 第 175023 号

出版发行：	沈阳出版发行集团|沈阳出版社
	（地址：沈阳市沈河区南翰林路 10 号　邮编：110011）
网　　址：	http://www.sycbs.com
印　　刷：	定州启航印刷有限公司
幅面尺寸：	170mm×240mm
印　　张：	14.5
字　　数：	280 千字
出版时间：	2019 年 1 月第 1 版
印刷时间：	2019 年 1 月第 1 次印刷
责任编辑：	周　阳
封面设计：	优盛文化
版式设计：	优盛文化
责任校对：	赵秀霞
责任监印：	杨　旭
书　　号：	ISBN 978-7-5441-9691-8
定　　价：	52.00 元

联系电话：024-24112447
E - m a i l：sy24112447@163.com

本书若有印装质量问题，影响阅读，请与出版社联系调换。

Preface 前言

　　随着全球环境的恶化，化石能源的消耗，人们正在遭受不当开发、过度消耗地球资源、肆意排放污染物所带来的不良气候的影响。在中国，水资源短缺、地下水污染、森林过度砍伐、严重的雾霾天气，相比国外出现的环境问题更为突出，在这种背景下，各行各界对生态越来越关注，设计界对生态问题也同样重视，近年来，设计与生态的融合也日渐紧密。

　　本书以生态为切入点，首先对生态学的理论与发展做了介绍，并将生态学与室外空间设计应用进行了探究。其次，对室外活动空间的影响因素进行了总结归纳，并就室外活动空间设计的发展、原则、方法和内容展开了论述。再次，对建筑与环境设计实践进行归纳总结，从建筑与环境之间影响因素、生态思维的不断演进从而归纳总结了生态与建筑交互性设计的策略，并在总结策略的基础上从建筑与场所、建筑形体、空间等方面总结了其设计手法，其最终目的是希望能开拓建筑实践主体的视野，对生态建筑实践有一个方法论的指导。最后两章介绍了生态美学思想对设计的影响及生态视野下的室外活动空间设计。本书意在指出在生态视野下、在生态美学思想的指导下，室外活动空间设计要注意的方面以及对现存的室外空间设计和建筑进行分析，希望对以后的室外活动空间设计有一定的指导作用。室外活动空间设计过程中要尽量摆脱对机械系统的依赖，立足我国的具体条件，发掘本土传统空间设计的生态思想，创造有中国地域特色和文化特征的生态型建筑。侧重于发掘适宜性技术和工艺方法，创造适合我国国情的生态美学视野下的室外活动空间设计。

Contents 目 录

第一章　生态学与室外活动空间设计　/　001

  第一节　生态学理论概述　/　001
  第二节　生态学发展研究　/　010
  第三节　生态学与室外空间设计　/　017
  第四节　生态理论在室外空间设计应用　/　022

第二章　生态视野下室外活动空间影响因素研究　/　027

  第一节　室外活动空间行为表现因素　/　027
  第二节　室外活动空间环境整体表现因素　/　030
  第三节　室外活动空间感知因素　/　041
  第四节　室外活动空间可认同环境因素　/　046

第三章　生态视野下室外活动空间设计　/　051

  第一节　室外活动空间设计发展研究　/　051
  第二节　室外活动空间设计原则　/　056
  第三节　室外活动空间设计方法　/　067
  第四节　室外活动空间设计内容　/　085

第四章　生态环境与室外活动空间设计的信息交换　/　099

  第一节　生态优化与交互适应　/　099
  第二节　建筑与环境的交互性设计　/　110
  第三节　室外建筑的场所关联　/　121
  第四节　建筑室外空间处理　/　138

第五章　生态美学在室外活动空间设计中的构建　/　144

　　第一节　生态美学概念　/　144
　　第二节　生态美学的设计哲学　/　159
　　第三节　生态美学的构建　/　175
　　第四节　生态美学设计个案应用　/　185

第六章　生态视野下室外活动空间设计研究　/　197

　　第一节　生态视野下空间格局与整体　/　197
　　第二节　生态视野下活动空间与趣味　/　203
　　第三节　生态视野下室外活动空间绿色可持续　/　209
　　第四节　综合设计案例研究　/　215

参考文献　/　225

第一章 生态学与室外活动空间设计

第一节 生态学理论概述

一、生态学概念

"生态学"（Ökologie）一词是 1866 年由勒特（Reiter）合并两个希腊词 Οικοθ（房屋、住所）和 Λογοθ（学科）构成。生态学（Ecology），是德国生物学家恩斯特·海克尔于 1866 年定义的一个概念：生态学是研究生物体与其周围环境（包括非生物环境和生物环境）相互关系的科学。目前已经发展为"研究生物与其环境之间的相互关系的科学"。

最开始接触生态学的概念，人们心中的固有印象就是建设绿色的、可持续发展的环境，或者是在周围的环境空间里多进行绿化，营造一种舒心和宜人的状态。这种固有印象确实是生态学分支的一个概念，但是现在生态学这个概念所研究的重点就是整个大环境中各个因素之间的相互关系，它的侧重点在相互关系方面。所谓相互关系，指的就是各个因素之间从无到有，共同促进相互产生，彼此互相补充、互惠互利、共同发展的一个状态。在这个状态之中，各个因素不管有意识的还是无意识的都在彼此交流，和谐共生。而且这个环境空间中包含着大千世界中的各个因素，人类自身也是世界中现存因素的一个小分支，所以生态学概念中跟我们人类生活最为密切相关的就是，提倡人们要正确地认识自然，维护健康和谐不被破坏的生态也就是在维护我们自身的生活不受到污染，提倡无论自然或生态都可以和谐相处。

从专业的角度来说，生态学（Ecology）是研究生物与环境之间相互关系及其作用机理的科学。生物的生存、活动、繁殖需要一定的空间、物质与能量。生物在长期进化过程中，逐渐形成对周围环境某些物理条件和化学成分，如空气、光照、水分、热量和无机盐类等的特殊需要。各种生物所需要的物质、能量以及它们所适应的理化条件是不同的，这种特性称为物种的生态特性。

早在20世纪，随着科学家们开始接触到生态学的概念，在对其深入了解之后，对生态学这个在人们初期印象中，相对笼统的理念的相关探索也越来越深入，生态学开始作为新兴的专业，进入整个教育和科学领域的历史舞台，并受到人们广泛的关注和了解。此后，生态学的概念广为人知，人们开始把生态学应用到生活和工作中的各个方面，以此来解释社会中的各种问题。

上文提到了生态学概念中的相互作用，"相互作用"这个关系的理解最早来源于德国科学家赫克尔的理论观点。赫克尔的研究在学术界最早提出关于生态学的概念，赫克尔是一位动物学家，所以他认为的生态学就是动物和周围环境之间的相互作用和相互关系。这种相互关系是动物和其他动物之间、动物和非生物之间的关系。任何生物的生存都不是孤立的：同种个体之间有互助有竞争；植物、动物、微生物之间也存在复杂的相生相克关系。人类为满足自身的需要，不断改造环境，环境反过来又影响人类。

应当指出，由于人口的快速增长和人类活动干扰对环境与资源造成的极大压力，人类迫切需要掌握生态学理论来调整人与自然、资源以及环境的关系，协调社会经济发展和生态环境的关系，促进可持续发展。随着人类活动范围的扩大与多样化，人类与环境的关系问题越来越突出。因此近代生态学研究的范围，除生物个体、种群和生物群落外，已扩大到包括人类社会在内的多种类型生态系统的复合系统。人类面临的人口、资源、环境等几大问题都是生态学的研究内容。

除了赫克尔，其他科学家和学者对于生态概念也做了自己独特的解释，比如，按照生态学家奥德姆（E.P.Odum）的意见，现代生态学是研究生态系统的结构与功能的科学，甚至"把生态学定义为研究自然界的构造和功能的科学"。生态系统是一个整体系统，是一个动态的开放系统，是一个具有自组织功能的稳定的复杂系统。生态系统的复杂性（complexity）已经引起生态学家的高度重视，所谓"通常是超越了人类大脑所能理解的范围"（蔡晓明，2002），关于生态系统的整体性理论的研究（Jorgensen，1992）和生物多样性研究（Schulz，1993）代表了现代生态学的研究方向。

在著名教育学家钟启泉所著的《课程设计》一书中，重点说明了他所认为的生态观是用来指导人本身和他所处的一切外部环境之间的相互关系，是一种思维模式，更是用这种模式来指导实践的办法。这个方法论解决的是所有的事物和它所伴随的现象之间的关系。他认为人类、环境空间和其他存在的生物之间不只是互相影响的，他们中还存在着相互制约的关系，一方的顺利发展在很大可能性上也会促进其他因素的发展，而当一方处于不利条件时，另一方的存在条件也会受到很大的威胁，他们各方面之间是一种矛盾的辩证统一关系。

虞永平则在所著的《生活化的幼儿园课程》中，对生态学做了这样的阐释。生态学，原指研究生命体与其自然环境之间关系的学问（生态学家在研究中发现，生命体之间以及生命体与无机世界之间，存在着一种极其复杂的相互关联）。但发展到今天，它已经越出生态学学科的界限，成为人们观察世界和发现世界的一种世界观。所谓生态世界观，是一种以万物相联系的视角看待世界的方式。在这个世界上，即使是严重对立的两方，如阴和阳、水与火等，也有着互益互补的可能。目前，人类遇到的众多问题，如环境、战争、科学、教育、经济等方面的问题，假如以生态世界观对待，都将得到良性的解决。

同时，有学者对生态系统以及生态观做出了相关界定。有的学者认为，现代生态学的中心概念是生态系统，生态系统就是在一定空间中共同栖居着的所有生物与其环境之间由于不断地进行物质和能量的交换而形成的统一整体。巴克认为由多个相互依赖的行为情境构成的系统实际上也是一种多层次、有结构的生态系统。美国著名生态学家奥德姆更是提出，生态学是人和环境的整体性的科学，是研究有机体或有机体与其周围环境关系的科学。T.H.Odum 在《系统生态学》第二十七章总结："系统的统一"中对于各种生态系统的共同性质进行了宝贵的探索。他说："每个系统都有相似的设计，而差别主要在于时空范围上。"为了建立生态系统的统一模型，Odum 做了大量的工作，他指出："人类的重大理论知识只有很少一部分被统一起来。是哪些类型的波动使功率最大化？什么样的系统设计可以从不同质量和频率的流的能量结合上加以预测？什么样的微模型总结了地球及其大气圈和海洋的生物地理化……什么样的微模型可以发展成在机制上是真实地并在作用上是正确的？关于自然的控制环路的知识能够容许人类进行生物圈中生态系统的低能量的灵敏的管理吗？"Odum 的这段话提出了非常重大的问题，他反映了人类理性的伟大抱负。但是，统一模型的有效性和通用性是必须解决的问题。Odum 最后说："一般系统的统一是否会促进各专业之间及抽象与真实之间的交流？突出的巨大挑战是用系统模型来理解我们生物圈中的脉冲变化和人类所能起到的作用。这个使命是值得我们全力以赴的"。

钟启泉在课程设计中提到，生态观是一种方法论体系，是人们处理自身与外部环境相互关系的一种科学的思维方法。它强调一切事物和现象之间有一种基本的相互联系、相互影响、相互制约的关系。因此，在研究人与自然关系时，人、生物、环境三者之间必然是相互联系、相互影响、相互制约，其中任何一方发生危机都将威胁他方的生存。生态观强调生态系统内部各要素既斗争又同一，呈现出一种动态的运动过程，从而平衡生态系统各要素的关系，维持生态系统持续发展。

综上有关生态学、生态系统以及生态观的阐释，可以得出，生态学虽然是一门学科，但在人文研究领域，更多的是一种研究的方法论，一种研究的角度。用生态学进行研究时不能割裂地看待某种事物所呈现的现象，不能把他们孤立开来，而无视其他方面在这个事情中所做的努力。我们要坚持用整体的角度来分析发现的问题，这种意识可以用来指导下文中所提出的设计实践应用，在进行设计研究的时候，要在把握生态理念设计这个切入点的时候，有意识地把设计理念中考虑的各个设计因素置于一个整体的生态系统中，让这个系统中无论是幼儿还是设计存在因素都能相互促进、共同发展。本文所提到的生态学就是一种观念和立场，生态观强调系统论的研究方法，强调的是一种整体的分析视角，从总体上把握不同要素之间的关系。人、生物和环境是生态系统中不可或缺的要素，我们认为万物都是互相联系、互利共生的，同处于一个生态系统的各生态因子处于不断发展的和谐状态，因此我们在研究任意一方时都不要忽略另外一方所起的作用。

二、生态学的基本内容与分类

按所研究的生物类别分有：微生物生态学、植物生态学、动物生态学、人类生态学等。

按生物系统的结构层次分有：个体生态学、种群生态学、群落生态学，生态系统生态学等。

按生物栖居的环境类别分有：陆地生态学和水域生态学、（前者又可分为森林生态学、草原生态学、荒漠生态学、土壤生态学等，后者可分为海洋生态学、湖沼生态学、流域生态学等）；还有更细的划分，如：植物根际生态学、肠道生态学等。

生态学与非生命科学相结合的，有数学生态学、化学生态学、物理生态学、地理生态学、经济生态学、生态经济学、森林生态会计等；与生命科学其他分支相结合的有生理生态学、行为生态学、遗传生态学、进化生态学，古生态学等。

应用性分支学科有：农业生态学、医学生态学、工业资源生态学、环境保护生态学、环境生态学、生态保育、生态信息学、城市生态学、生态系统服务、室外空间生态学等。

表 1-1　生态学的分类

生态学名称 Name of Ecology	外文生态专著举例 Examples of ecology books in foreign language	中文生态专著举例 Examples of ecology books in Chinese
1. 生命层次		
分子生态学 Molecular ecology	Freeland 2005	祖元刚等 1999
种群生态学 Population ecology	Begon et al. 1996	徐汝梅 1987 （注：昆虫种群生态学）
空间生态学 Spatial ecology	Tilman & Kareiva 1997	—
集合种群生态学 Metapopulation ecology	Hanski 1999	—
群落生态学 Community ecology	Diamond & Case 1986	赵志模和郭依泉 1990
植被生态学 Vegetation ecology	van der Maarel 2009	姜恕和陈昌笃 1994
系统生态学 System ecology	Odum 1983	蔡晓明 2000
流域生态学 Watershed ecology	Naiman 1992	—
室外空间生态学 Landscape ecology	Forman & Godron 1986	傅伯杰 2011
全球生态学 Global ecology	Rambler et al. 1989	方精云 2000
2. 学科交叉		
生理生态学 Physiological ecology	Townsend & Calow 1981	蒋高明 2004 （注：植物生理生态学）
营养生态学 Nutritional ecology	Slansky & Rodriguez 1987	—
营养（级）生态学 Trophic ecology	Mbabazi 2011	—
代谢生态学 Metabolic Ecology	Sibly et al. 2012	—
生物物理生态学 Biophysical Ecology	Gates 1980	—
化学生态学 Chemical ecology	Sondheimer & Simeone 1970	阎凤鸣 2003
进化生态学 Evolutional ecology	Pianka 1978	王崇云 2008

续表

生态学名称 Name of Ecology	外文生态专著举例 Examples of ecology books in foreign language	中文生态专著举例 Examples of ecology books in Chinese
地理生态学 Geographical ecology	MacArthur 1972	—
地生态学 Geoecology	Huggett 1995	—
古生态学 Paleoecology	Dodd & Stanton 1981	杨式溥 1993
第四纪生态学 Quaternary ecology	Delcourt & Delcourt 1991	刘鸿雁 2002
环境生态学 Environmental Ecology	Freedman 1989	金岚等 1992
污染生态学 Pollution ecology	Hart & Fuller 1974	王焕校 1990
水文生态学 Hydro-ecology	Wood et al. 2007	—
历史生态学 Historical ecology	Crumley 1994	—
稳定同位素生态学 Stable isotope ecology	Fry 2006	易现峰 2007
理论生态学 Theoretical ecology	May 1976	张大勇 2000.
数学生态学 Mathematical ecology	Pielou 1977	陈兰荪 1988
数字生态学 Numerical ecology	Legendre & Legendre 1998	—
数量生态学 Quantitative ecology	Poole 1974	张金屯 2004
统计生态学 Statistical ecology	Young & Young 1998	—
实验生态学 Experimental ecology	Resetarits & Bernardo 2001	
3. 生物类别		
植物生态学 Plant ecology	Warming 1895	张玉庭和董爽秋 1930
作物生态学 Crop ecology	Loomis & Connor 1992	韩湘玲 1991
动物生态学 Animal ecology	Elton 1927	费鸿年 1937

续表

生态学名称 Name of Ecology	外文生态专著举例 Examples of ecology books in foreign language	中文生态专著举例 Examples of ecology books in Chinese
昆虫生态学 Insect ecology	Speight et al. 1999	邹钟琳 1980
鸟类生态学 Avain（bird）ecology	Perrins & Birkhead 1983	高玮 1993
鱼类生态学 Fish ecology	Wootton 1992	易伯鲁 1980
渔业生态学 Fisheries ecology	Pitcher & Hart 1982	陈大刚 1991 （注：黄渤海渔业生态学）
野生生物（动物）生态学 Wildlife ecology	Moen 1973	陈化鹏和高中信 1992
杂草生态学 Weed ecology	Radosevich & Holt 1984	—
寄生虫生态学 Parasite ecology	Huffman & Chapman 2009	—
微生物生态学 Microbial ecology	Alexander 1971	夏淑芬和张甲耀. 1988
疾病生态学 Disease ecology	Learmonth 1988	—
4. 生境类型		
森林生态学 Forest ecology	Spurr & Barnes 1973	张明如 2006
草地生态学 Grassland ecology	Spedding 1971	周寿荣. 1996
海洋生态学 Marine ecology	Levinton 1982	李冠国和范振刚. 2011.
河口生态学 Estuarine ecology	Day et al. 1989	陆健健 2003
潮间带生态学 Intertidal ecology	Raffaelli & Hawkins 1996	—
海岸生态学 Coastal ecology	Barbour et al. 1974	—
淡水生态学 Freshwater ecology	Macan 1974	何志辉 2000
湖泊生态学 Lake ecology	Scheffer 2004	—
河流生态学 River ecology	Whitton 1975	—
溪流生态学 Stream ecology	Allan 1995	—
湿地生态学 Wetland ecology	Keddy 2010	陆健健等 2006

续表

生态学名称 Name of Ecology	外文生态专著举例 Examples of ecology books in foreign language	中文生态专著举例 Examples of ecology books in Chinese
水库生态学 Reservoir ecology	Tundisi & Straškraba 1999	韩博平等 2006
城市生态学 Urban ecology	Bornkamm et al. 1982	于志熙 1992
道路生态学 Road ecology	Forman 2003	—
廊道生态学 Corridor ecology	Hilty et al. 2006	—
土壤生态学 Soil ecology	Killham 1994	曹志平 2007
5. 动植物行为与功能		
行为生态学 Behavioral ecology	Krebs & Davies 1997	尚玉昌 1998
扩散生态学 Dispersal ecology	Bullock et al. 2002	—
繁殖生态学 Reproductive ecology	Bawa et al. 1990	张大勇 2004
摄食生态学 Feeding Ecology	Gerking 1994	—
认知生态学 Cognitive Ecology	Friedman & Carterette 1996	—
功能生态学 Functional ecology	Packham et al. 1992	—
6. 环境扰动与胁迫		
扰动生态学 Disturbance ecology	Johnson & Miyanishi 2007	—
火生态学 Fire ecology	Wright & Bailey 1982	—
胁迫生态学 Stress ecology	Steinberg 2011	—
7. 产业与应用		
工业生态学 Industrial ecology	Graedel & Allenby 2002	邓南圣和吴峰 2002
农业生态学 Agricultural ecology	Azzi 1956	曹志强和邵生恩 1996
资源生态学 Resource ecology	Prins & van Langevelde 2008	—
恢复生态学 Restoration ecology	Jordan III et al. 1990	赵晓英和陈怀顺 2001

续 表

生态学名称 Name of Ecology	外文生态专著举例 Examples of ecology books in foreign language	中文生态专著举例 Examples of ecology books in Chinese
应用生态学 Applying (or Applied) ecology	Beeby 1993	何方 2003
8. 组合或叠加		
传粉与花的生态学 Pollination and floral Ecology	Willmer 2011	—
陆地植物生态学 Terrestrial plant ecology	Barbour et al. 1989 or 1999	—
理论系统生态学 Theoretical ecosystem ecology	Ågren & Bosatta 1998	—
微生物分子生态学 Molecular microbial ecology	Osborn & Smith 2005	张素琴 2005
鸟类迁移生态学 The migration ecology of birds	Newton 2008	—
应用数学生态学 Applied mathematical ecology	Levin et al. 1989	—
应用野外生态学 Practical field ecology	McLean & Ivimey Cook 1946	—
数量植物生态学 Quantitative Plant Ecology	Greig-Smith 1957	—
9. 人文社会与人体健康		
深生态学 Deep Ecology	Devall & Sessions 1985	雷毅 2001
人类生态学 Human ecology	Hawley 1950	陈敏豪 1988
社会生态学 Social ecology	Alihan 1964	丁鸿富 1987
人口生态学 Population ecology	Davis 1971	潘纪一 1988
政治生态学 Political ecology	Cockburn & Ridgeway 1979	刘京希 2007

续表

生态学名称 Name of Ecology	外文生态专著举例 Examples of ecology books in foreign language	中文生态专著举例 Examples of ecology books in Chinese
组织生态学 Organizational ecology	Hannan & Freeman 1989	刘桦 2008
文化生态学 Cultural ecology	Netting 1986	邓先瑞和邹尚辉．2005
嵌套生态学 Nested ecology	Wimberley 2009	—
道教生态学 Toaism ecology		乐爱国 2005
语言生态学 Linguistic ecology	Mühlhäusler 1996	—
健康生态学 Health ecology	Hunarī et al. 1999	—
药物生态学 Pharma-ecology	Jjemba 2008.	—

第二节 生态学发展研究

生态学的发展大致可分为萌芽期、形成期和发展期三个阶段。

一、萌芽期

古人在长期的农牧渔猎生产中积累了朴素的生态学知识，诸如作物生长与季节气候及土壤水分的关系、常见动物的物候习性等。由公元前2世纪到公元16世纪的欧洲文艺复兴，是生态学思想的萌芽时期。如公元前4世纪希腊学者亚里士多德曾粗略描述动物的不同类型的栖居地，还按动物活动的环境类型将其分为陆栖和水栖两类，按其食性分为肉食、草食、杂食和特殊食性等类。亚里士多德的学生、公元前三世纪的雅典学派首领赛奥夫拉斯图斯在其植物地理学著作中已提出类似今日植物群落的概念。

关于生态学的知识，最原始的人类在进行渔猎生活中，就积累着生物的习性和生态特征的有关生态学知识，只不过没有形成系统的、成文的科学而已。直到目前，劳动人民在生产实践中获得的动植物生活习性方面的知识，依然是生态学知识的一个重要来源。作为有文字记载的生态学思想萌芽，在我国和希腊古代著作和歌谣中都有许多反映。我国的《诗经》中就记载着一些动物之间的相互作用，如"维鹊有巢，维鸠居之"，说的是鸠巢的寄生现象。《尔雅》一书中就有草、木两章，记载了200多种植物的形态和生态环境。古希腊的安比杜列斯（Empedocles）就注意到植物营养与环境的关系，而亚里士多德（Aristotle）及其学生都描述了动植物的不同生态类型，如分水栖和陆栖、肉食、草食、杂食等，气候和地理环境与植物生长的关系等。

公元前后出现的介绍农牧渔猎知识的专著，如古罗马公元1世纪老普林尼的《博物志》、6世纪中国农学家贾思勰的《齐民要术》等均记述了朴素的生态学观点。

二、形成期

15世纪以后，许多科学家通过科学考察积累了不少宏观生态学资料。曾被推举为第一个现代化学家的Boyle在1670年发表了低气压对动物的效应的试验，标志着动物生理生态学的开端。1735年法国昆虫学家Reaumur在其昆虫学著作中，记述了许多昆虫生态学资料，他也是研究积温与昆虫发育的先驱。

19世纪，生态学进一步发展。这一方面是由于农牧业的发展促使人们开展了环境因子对作物和家畜生理影响的实验研究。例如，在这一时期中确定了5℃为一般植物的发育起点温度，绘制了动物的温度发育曲线，提出了用光照时间与平均温度的乘积作为比较光化作用的"光时度"指标以及植物营养的最低量律和光谱结构对于动植物发育的效应等。

另一方面，马尔萨斯于1798年发表的《人口论》一书造成了广泛的影响。费尔许尔斯特1833年以其著名的逻辑斯谛曲线描述人口增长速度与人口密度的关系，把数学分析方法引入生态学。19世纪后期开展的对植物群落的定量描述也已经以统计学原理为基础。1851年达尔文在《物种起源》一书中提出自然选择学说，强调生物进化是生物与环境交互作用的产物，引起了人们对生物与环境的相互关系的重视，更促进了生态学的发展。

19世纪中叶到20世纪初叶，人类所关心的农业、渔猎和直接与人类健康有关的环境卫生等问题，推动了农业生态学、野生动物种群生态学和媒介昆虫传病行为的研究。由于当时组织的远洋考察中都重视了对生物资源的调查，从而也丰富了水生生物学和水域生态学的内容。

1855年Al. de Candolle将积温引入植物生态学，为现代积温理论打下了基础。1807年德国植物学家A. Humboldt在《植物地理学知识》一书中，提出植物群落、群落外貌等概念，并结合气候和地理因子描述了物种的分布规律。1859年法国的

Saint Hilaire 首创 ethology 一词，以表示有机体及其环境之间的关系的科学，但后来一般将此词作为动物行为学的名词。直到 1869 年，Haeckel 首次提出生态学的定义。植物学家 Frederic Clements 和 Henry Gleason 发现了植物群落之间存在的巧妙联系，这是早期的生态学启蒙。1866 年德国动物学家海克尔（Ernst Heinrich Haeckel）初次把生态学定义为"研究动物与其有机及无机环境之间相互关系的科学"，特别是动物与其他生物之间的有益和有害关系。从此，揭开了生态学发展的序幕。1877 年德国的 Mobius 创立生物群落（biocoenose）概念。1885 年，H.Reiter 的《外貌总论》中出现生态学一词。而它最开始作为科学性质的专有名词名词出现是在 19 世纪八十年代，一位生活在德国的著名科学家 E.Heackel 的所做研究并著书的《普通生物形态学》一书中，他认为生态学这个理念探索的是动植物与所在的地域的空间之间关系的科学，也就是说生态学在最初阶段的探究范畴是动植物。1890 年 Merriam 首创生命带（life zone）假说。1896 年 Schroter 始创个体生态学（autoecology）和群体生态学（synecology）两个生态学概念。此后，1895 年丹麦哥本哈根大学的 Warming 的《植物分布学》（1909 年经作者本人改写，易名为《植物生态学》），和 1898 年德国波恩大学 Schimper 的《植物地理学》两部划时代著作，全面总结了 19 世纪末叶以前植物生态学的研究成就，标志着植物生态学已作为一门生物科学的独立分支而诞生。至于在动物生态学领域，Adams（1913）的《动物生态学的研究指南》，Elton（1927）的《动物生态学》，Schelford 的《实验室和野外生态学》（1929）和《生物生态学》（1939），Chapman（1931）的以昆虫为重点的《动物生态学》，Bodenheimer（1938）的《动物生态学问题》等教科书和专著，为动物生态学的建立和发展为独立的生物学分支做出了重要贡献。1935 年，英国的 Tansley 提出了生态系统的概念之后，美国的年轻学者 Lindeman 在对 Mondota 湖生态系统详细考察之后提出了生态金字塔能量转换的"十分之一定律"。由此，生态学成为一门有自己的研究对象、任务和方法的比较完整和独立的学科。我国费鸿年（1937）的《动物生态学纲要》也在此时期出版，是我国第一部动物生态学著作。苏联的首部《动物生态学基础》也于 1945 年由 Кашкаров 完成并出版。但直到 Allee，Emerson 等合写的内容极为广泛的《动物生态学》原理于 1949 年出版时，动物生态学才被认为进入成熟期。由此可见，植物生态学的成熟大致比动物生态学要早半个世纪，并且自 19 世纪初到中叶，植物生态学和动物生态学是平行和相对独立发展的时期。植物生态学以植物群落学研究为主流，动物生态学则以种群生态学为主流。18 世纪初叶，现代生态学的轮廓开始出现。如雷奥米尔的 6 卷昆虫学著作中就有许多昆虫生态学方面的记述。瑞典博物学家林奈首先把物候学、生态学和地理学观点结合起来，综合描述外界环境条件对动物和植物的影响。法国博物学家布丰强调生物变异基于环境的影响。德国植物地理学家洪堡创造性地结合气候与地理因子的影响来描述物种的分布规律。

到20世纪30年代，已有不少生态学著作和教科书阐述了一些生态学的基本概念和论点，如食物链、生态位、生物量、生态系统等。至此，生态学已基本成为具有特定研究对象、研究方法和理论体系的独立学科。

三、发展期

20世纪50年代以来，生态学吸收了数学、物理、化学工程技术科学的研究成果，向精确定量方向前进并形成了自己的理论体系：数理化方法、精密灵敏的仪器和电子计算机的应用，使生态学工作者有可能更广泛、深入地探索生物与环境之间相互作用的物质基础，对复杂的生态现象进行定量分析；整体概念的发展，产生出系统生态学等若干新分支，初步建立了生态学理论体系。

从20世纪60年代至今，是生态学蓬勃发展的年代。二次大战以后，人类的经济和科学技术获得史无前例的飞速发展，既给人类社会带来了进步和幸福，也带来了环境、人口、资源和全球性变化等关系到人类自身生存的重大问题。这些是促进生态学大发展的时代背景和实践基础；而近代的数学、物理、化学和工程技术向生态学的渗透，尤其是电子计算机、高精度的分析测定技术、高分辨率的遥感仪器和地理信息系统等高精技术为生态学发展准备了条件。

生态学已经创立了自己独立研究的理论主体，即从生物个体与环境直接影响的小环境到生态系统不同层级的有机体与环境关系的理论。它们的研究方法经过描述——实验——物质定量三个过程。系统论、控制论、信息论的概念和方法的引入，促进了生态学理论的发展，60年代形成了系统生态学而成为系统生物学的第一个分支学科。如今，由于与人类生存与发展的紧密相关而产生了多个生态学的研究热点，如生物多样性的研究、全球气候变化的研究、受损生态系统的恢复与重建研究、可持续发展研究等。其后，有些博物学家认为生态学与普通博物学不同，具有定量的和动态的特点，他们把生态学视为博物学的理论科学；持生理学观点的生态学家认为生态学是普通生理学的分支，它与一般器官系统生理学不同，侧重在整体水平上探讨生命过程与环境条件的关系；从事植物群落和动物行为工作的学者分别把生态学理解为生物群落的科学和环境条件影响下的动物行为科学；侧重进化观点的学者则把生态学解释为研究环境与生物进化关系的科学。

后来，在生态学定义中又增加了生态系统的观点，把生物与环境的关系归纳为物质流动及能量交换；20世纪70年代以来则进一步概括为物质流、能量流及信息流。

由于世界上的生态系统大都受人类活动的影响，社会经济生产系统与生态系统相互交织，实际形成了庞大的复合系统。随着社会经济和现代工业化的高速度发展，自然资源、人口、粮食和环境等一系列影响社会生产和生活的问题日益突出。

为了寻找解决这些问题的科学依据和有效措施，国际生物科学联合会（IUBS）制定了"国际生物计划"（IBP），对陆地和水域生物群系进行生态学研究。1972年联合国教科文组织等继IBP之后，设立了人与生物圈（MAB）国际组织，制定"人与生物圈"规划，组织各参加国开展森林、草原、海洋、湖泊等生态系统与人类活动关系以及农业、城市、污染等有关的科学研究。许多国家都设立了生态学和环境科学的研究机构。

我国学术界对于相对于其他国家来说，对于生态学这个概念探索的开始时间比较落后。相反的，德国对于生态教育和环境的研究发展的比较丰富，为了促进这个领域研究成果的发展，我国借鉴了德国的研究经验，发扬优点总结教训，并结合本国特色，开始了对生态理念的教育研究，并且形成了较好的理论研究基础。但是我国对生态学的研究大部分仅仅停留在理论研究上，而且因为开始研究的时间落后于其他国家，所以研究深度和广度方面还不是很成熟，相对来说，我国台湾对于生态学的理论发展深度比较成熟。

在20世纪60年代初，台湾教育行政部门首先提出了把教育和生态学相结合的观点，并提出要求在台湾的各个大学中增加这个新兴课程，提高教育质量。台湾的各个高校和学者们都对这个提议表示赞同，其中著名的学者方炳林教授，在这个提议的鼓励下首先开始探索关于台湾教育系统的生态学研究。他的观点从"社会、生态教育、生态文化教育"方面出发，但基于当时特殊的时代背景，研究被迫放弃。在20世纪80年代，台湾师范大学的贾锐教授重新开始了对于这项课题的研究，同时根据台湾具体的教育情况，因地制宜地提出了针对不同问题相对应的解决办法。

四、发展趋势

和许多自然科学一样，生态学的发展趋势是：由定性研究趋向定量研究，由静态描述趋向动态分析；逐渐向多层次的综合研究发展；与其他某些学科的交叉研究日益显著。

由人类活动对环境的影响来看，生态学是自然科学与社会科学的交汇点；在方法学方面，研究环境因素的作用机制离不开生理学方法，离不开物理学和化学技术，而且群体调查和系统分析更离不开数学的方法和技术；在理论方面，生态系统的代谢和自稳态等概念基本是引自生理学，而由物质流、能量流和信息流的角度来研究生物与环境的相互作用则可说是由物理学、化学、生理学、生态学和社会经济学等共同发展出的研究体系。

现代生态学发展的主要趋势如下：

1. 生态系统生态学研究是生态学发展的主流。国际生物学计划（IBP，1964—1974）是有97个国家参加，包括陆地生产力、淡水生产力、海洋生产力、资源利用和管理等7个领域的生物科学中空前浩大的计划，其中心是全球主要生态系统的结构、功能和生物生产力研究。IBP先后出版35本手册和一套全球主要生态系统丛书。以后，为1972年开始的更具有实践意义的人与生物圈（MAB）计划所替代。以生态系统为中心的特点也反映在生态学教科书上。E. Odum的《生态学基础》（1983改名为Basic Ecology），开创以生态系统为骨干的体系。以后，分别讨论植物生态学和动物生态学的教材就很少了。Harper（1977）的研究，打开了《植物种群生态学》的局面，也促进了动植物生态学的汇流。种群生态学成为生态系统研究的基础。

2. 系统生态学的发展是系统分析和生态学的结合，它进一步丰富了本学科的方法论，E.Odum甚至称其为生态学发展中的革命。Patten等（1971）的《生态学中的系统分析和模拟》、Smith（1975）的《生态学模型》、Jorgenson（1983，1988）的《生态模型法原理》和H. Odum（1983）的《系统生态学引论》等为这方面的主要专著。

3. 20世纪70年代以来，群落生态学有明显发展，由描述群落结构、发展到数量生态学，包括群落的排序和数量分类，并进而探讨群落结构形成的机理。如Strong等（1984）的《生态群落》、Gee等（1987）的《群落的组织》和Hastings（1988）的《群落生态学》文集。Tilman（1982，1988）则从植物资源竞争模型研究开始探讨群落结构理论，如《资源竞争与植物群落》和《植物对策与植物群落的结构和动态》，Cohen的《食物网和生态位空间》（1978）、《群落食物网：资料和理论》（1990）和Pimm的《食物网》（1982）等著作，使食物网理论有明显发展，特别是提出一些统计规律和预测模型（如级联模型cascade model）。Schoener（1986）则明确提出《群落生态学的机理性研究：一种新还原论？》。

4. 现代生态学向宏观和微观两极发展，虽然宏观的是主流，但微观的成就同样重大而不容忽视。在生理生态学方面，80年代以来的重要专著有Townsend等（1981）的《生理生态学：对资源利用的进化研究》，其再版改名为Sibly等（1987）的《生理生态学：进化研究》，其作者之一Calow创办了《功能生态学》新刊（1987年开始，英国生态学会主办）。1986年有20余名专家讨论生理生态学研究新方向，提出了发展有机体生物学的一个多学科综合研究。植物生理生态学领域的重要著作有Lacher（1975）的《植物生理生态学》。

德国的Lorens（1950）和Tinbergen（1951，1953）发展了行为生态学，他们均是诺贝尔奖金获得者。Wilson（1975）的《社会生物学：新的综合》是一部名著，重点在社群行为。J. Krebs（1978，1987）的《行为生态学引论》是该领域第一本较全面系统的专著。至于从进化角度讨论行为的专著有Alock（1975）的《动物的行为：进化研究》和Barnard（1983）的《动物的行为：生态学和进化论》。

种间和种内斗争，都会依赖于化学物质，它也是群落和生态系统的基础。生态学考虑信息的作用为时不长。第一本是Sondheimer（1969）的《化学生态学》，以后有Barbier（1979）的《化学生态学引论》和Harborne（1988）的《生态生物化学引论》和Bell等（1984；1990有中译本）的《昆虫化学生态学》。

生态学、行为学和进化论相结合，形成了进化生态学，也是当前生态学发展的一个特点。最早提出进化生态学的是Orians（1972），20世纪70年代获得较显著发展，出现多本专著，如Pianka（1974）、Emlen（1973）、Shorrocks（1984）和苏联学者Shvarts（1977）所著的专著都以《进化生态学》或类似书名出版。Futuyma（1983）则编著了《协同进化》。

5. 应用生态学的迅速发展是20世纪70年代以来的另一重要趋势，其方向之多、涉及领域和部门之广，与其他自然科学和社会科学结合点之多，真是五花八门，使人感到难以给予划定范围和界限。限于篇幅，仅介绍几个显著的。生态学与环境问题研究相结合，是20世纪70年代后期应用生态学最重要的领域。这不仅是污染生态学的发展，还促进保护生态学、生态毒理学、生物监察、生态系统的恢复和重建、生物多样性的保护等方向。主要著作如：Anderson（1981）的《环境科学用的生态学》、Park（1980）的《生态学与环境管理》、Polunin（1986）的《生态系统的理论与应用》、IUCN（1980）的《世界保护对策：生物资源保护与持续发展》等。

生态学与经济学相结合，产生了经济生态学。虽然这是尚未成熟的学科，但国内外都给予相当重视，它研究各类生态系统、种群、群落、生物圈的过程与经济过程相互作用方式、调节机制及其经济价值的体现。适宜于生态学家读的可能是Clark（1981）的《生物经济学》一书。

生态工程是根据生态系统中物种共生、物质循环再生等原理设计的分层多级利用的生产工艺。我国在农业生态工程应用上广为群众接受，创造了许多不同形式，已引起国际上重视，虽然其理论发展还落后于实践。Mitsch（1989）等的《生态工程》是世界上第一本生态工程专著。

人类生态学的定义、内容和范围，大约是最难准确划定的，它也是联系自然科学和社会科学的纽带。虽然 20 世纪 70 年代已有人类生态学专著出现，如 Sargent（1974）、Ehrlich（1973）和 Smith（1976），以后有 Clapham（1981）的《人类生态系统》，但尚未见公认而比较系统的专著。马世骏（1983）提出的"社会－经济－自然"复合生态系统的概念与人类生态系统很接近，而苏联的《社会生态学》（马尔科夫，1989）大致与人类生态学相一致。

此外，农业生态学、城市生态学、渔业生态学、放射生态学等都是生态学应用的重要领域。

6. 与应用领域密切相关、从研究层次又更为宏观的室外空间生态学和全球生态学是近一二十年发展起来的新方向。前者如 Naveh（1983）的《室外空间生态学：理论和应用》，Forman 等（1986）的《室外空间生态学》。后者与全球性的环境问题和全球性变化有关，也可称为生物圈生态学，而盖阿假说（Gaia hypothesis），即地球表面的温度和化学组成是受地球这个行星的生物总体（biota）的生命活动所主动调节的，并保持着动态的平衡，这是全球生态学的主要理论，目前已受到广泛重视。主要著作有：Lovelock（1988）的《盖阿时代》、Rambler（1989）的《全球生态学：走向生物圈科学》和 Bolin（1979）及 Southwick（1985）等以"全球生态学"为书名的专著。

第三节　生态学与室外空间设计

一、空间、室外空间的基本概念及室外空间的分类

（一）空间

《辞海》对"空间"的解释是，空间和时间一起构成物质存在的两种基本形式。空间是指物质存在的广延性，时间是指物质运动过程中的持续性与顺序性。空间和时间具有客观性，同运动着的物质不可分割。没有脱离物质运动的空间和时间，也没有不在空间和时间中运动的物质。空间和时间是无限和有限的统一。就宇宙而言，空间无边无际，时间无始无终；而对各个具体事物来说，则是有限的。

《空间设计》中提出了点、线、面是构成空间的基本要素。点是所有形式之中的原生要素，其余要素都是从点派生出来的。影响人们感知空间的要素有形式、光线、色彩和质感。其中形式对空间的影响最大，形式指空间中所有的造型元素。

许多科学家对空间提出了独特的见解，哲学家亚里士多德认为空间是一种关

系，是某物体与包含着它的另一些物体之间的关系；德国古典哲学家黑格尔指出，空间是充实的，空间不是独立存在的，空间不能和充实于其中的东西分离；物理学家爱因斯坦从他的相对论理论体系出发，认为空间是物的关系的集合；瑞士心理学家皮亚杰则认为空间是生物体与其环境互动所得出的结果。科学家们对空间的理解虽有不同，但是从他们的见解中我们可以得出，空间内的各要素是互相联系、互相作用且不可分离的。

（二）室外空间

詹和平编著的《空间》对外部空间作了这样的定义，"外部空间是相对于内部空间而言的，如果说建筑实体的'内壁'围合而成的'虚空'部分，形成了建筑的内部空间；那么建筑实体的'外壁'与周边环境共同组合而成的'虚空'部分，则形成了建筑的外部空间"。

芦原义信编著的《外部空间设计》对外部空间的概念作了这样的定义，外部空间是"从在自然当中限定自然开始的，是从自然当中由框框所划定的空间，与无限伸展的自然是不同的。外部空间是由人创造的有目的的外部环境，是比自然更有意义的空间"。芦原义信从他的建筑空间三要素出发，认为外部空间"可以说是'没有屋顶的建筑'空间。即把整个用地看作是一幢建筑，有屋顶的部分作为室外，没屋顶的部分作为外部空间考虑"。

外部空间的基本概念是从广义上的外部空间，可以小到构成原子的质子与电子间的空间，大到宇宙空间，具有极为广阔的范围。外部空间是建筑与周边环境的存在空间或者建筑与建筑之间形成的夹缝空间，一种人为的有秩序的空间。日本建筑师芦原义信在《外部空间设计》一书中解释道："空间基本是由一个物体同感觉它的人之间产生相互关系所形成。这一相互关系主要是根据视觉确定的，但作为建筑空间考虑时，则与嗅觉、听觉、触觉也都有关。即使是同一空间，根据风、雨、日照的情况，有时印象也大为不同"。室外空间必须以它就近的建筑为主，才能构成属于它的室外空间这一说。

（三）设计

《现代设计词典》着重从广义上解释设计是指为了达到某一特定的目的，从构思到建立一个切实可行的实施方案，并用明确的手段表示出来的系列行为。这一目的既可以是精神性的也可以是物质性的，所以设计不论在精神财富或在物质财富的创造中都起到了重要作用。设计是一种选择或决策的过程，任何决策都是由大量前提所构成的。前提包括两种要素，即事实要素和价值要素。前者说明事态的状况，即"是怎样的"，后者则是用理论和审美的命题来表述的，即是好坏或美丑之类。

因此，决策带有规范的性质，是由前提推理结论的过程。任何复杂的决策过程，都包括一系列的决策，形成一条"手段——目的"链条的层次结构，它们之间是相互关联的因果要素。

环境设计的目的是为了创造一个适于人类生活的最佳物质环境，所以该环境应与人类生活取得最佳匹配。这种匹配关系主要表现在以下方面：环境与人体尺度的匹配；环境与人类身心的匹配；环境与人类行为的匹配；环境与社会心理、地域文化的匹配等。并且这些匹配关系是以相互统一、综合的形式出现，以形成一个相互协调的有机的人与空间、人与环境的系统，这是环境设计的基本理念。具体地说环境设计应满足空间性、实用性、经济性、安全性、审美性与社会性，取得与人、社会、自然的调和等条件。环境设计的中心是空间，是人类生活必不可少的场所。环境中的一切结构体、设备以及被利用的自然物都是作为形成合适空间的手段而起作用的。空间不仅反映了与人体相对应的物理尺度的需求，还反映了与人类生理、心理相对应的心理尺度的需求。

我们在做设计的时候，首先要考虑影响这个项目的内在因素和外在因素。影响室外空间环境设计的因素主要是气候、地形、尺度、结构、风格等。气候作为一个自然条件的影响，它主要包括的是温度、湿度、降水量、光照等，它会影响整个设计的绿化，植物是绿化的主体，植物的生长受气候的影响。所以配置植物的时候要因地制宜。地形是整个设计最开始的地貌，它有凹凸起伏的地势，或者有水域部分，地形是设计项目的基础，整个设计的风貌要根据它现有的地形走。尺度是它的占地面积和空间尺度，整个项目的大小是设计的根本，它包含了很多产地要求的大小、数量需求。结构是设计的要点，它包括空间设计、绿化设计、道路设计、场地设计、室外空间小品雕塑设计等，这些都影响室外空间设计的要素。风格是整个设计体现的特点、特色，设计要根据其设定的风格来做规划，比如古典风格、现代风格、欧式风格、简约风格等。风格的确定，它所用的材料、材质也就确定风格方向了。不管怎么样，做设计之前要把这些影响它设计的因素考虑清楚，再进行下一步的设计。

二、生态学与室外空间设计

把生态学融入室外空间设计之中就是把室外活动空间设计同绿色设计的理念相结合应用。它倡导在以人为本的基础上，做到对自然更加合理化的运用，考虑一切与生态节能相关的问题，以此达到给人营造一个自然的既舒适又健康的生活空间。生态室外空间设计的目的是给人类提供一个满意、舒坦、便利、生态的室外活动空间环境设计。随着时间的推移绿色室外空间设计理念的熏陶，人们的环保意识在一定程度上有了复苏，在长期高压的状态里，现代都市人群的生活非常压抑，使人们越来越追求自然，更加憧憬生活中能够将自我融入大自然的怀抱。

"绿色生态"的研究在建筑领域的设计中已经硕果累累，不论是环保方法还是节能技术在理论实践上都有比较高的成就。因此"绿色生态建筑"给予了我们启发，开阔了我们的思维界面。在居室设计中，一些"绿色生态建筑"的环保方法理论与技术可以借鉴参考运用。从而形成新的研究方向——环保节能技术在绿色室外空间设计里的运用。

我们都知道，如今，人们面临最严峻的课题是环境问题。经过毫无节制地开采地球资源，势必最终导致资源枯竭。为延续人类文明，为持续生存在地球上，我们有必要更新理念，转变态度，摒弃毫无节制的索取方式，懂得爱护资源，保护环境，希望能够实现人与社会的和平共处。虽然人类一方面在寻找新资源，但是我认为当下重中之重的合理使用现有资源和可循环利用资源，必须做到满足目前社会发展，同时不破坏今后社会的发展。现在室外空间设计的发展方向必然是节能、环保、生态"绿色"，每一名室外空间设计师都有保护环境、节约能源的责任。

中国古代传统设计思想是现代中国设计风格的重要支撑和组成部分，古代设计者和工匠在潜意识里仔细考虑设计产物和其环境的相互作用，使自然生态更加和谐，设计产物更加合理。在空间设计这个范畴内，传统设计思想主要体现形式是生活化的装饰器具以及生存空间营造：生活器具集中体现了传统设计思想中关于装饰艺术的美学认识，生存空间的营造更多地体现了古代人民的空间组织能力和逻辑分析水平。传统的建筑设计是古代中国设计思想的最好例证，由《营造法式》为开端，自宋朝以后我国的建筑风格和结构呈现出了多样化和统一化两种设计属性。

中国幅员辽阔、民族众多，各个区域的建筑风格也有很大差异，其原因有很多，诸如风土人情、地理位置、气候条件、科学技术水平等。通过古建筑学者的研究，我们可以看到古代建筑师对传统建筑设计的认识，并理解建筑背后所蕴含的设计逻辑。鉴于古代建筑工作者流动性不强的特征，大致可以认为同一地区建筑群体有着大致相同的教育与从业背景，在一定区域内互相影响逐渐形成了该地区的独特风格，这亦是古建筑领域风格表象的多样性体现。当然，古代设计者的智慧是毋庸置疑的，从古代绘画作品和历史遗迹中不难发现，在一个地区统一的建筑风格之下，建筑布局、功能、结构甚至使用方式都有着十分明显的区别，古建筑设计者不是单一地照搬原有建筑的形式，而是根据各个建筑单体的本身特性来设计和组织建筑营造工作的，更说明了其建筑多样性的存在。这种多样性和生态观点的必然联系有许多，首先是材料、地形地貌、功能需求、园林环境等硬件关联，一方面古建工作者秉承了就地取材、因地制宜的思想；另一方面，他们还需要注意与周边既有建筑的呼应关系，不能雷同也不能过于悬殊，这里集中体现了设计者对于中国传统儒家礼数以及"和"概念的深刻认识。其次是设计者和建筑使用者对于生态环境的渴望和融入自然的精神追求，这一点可以从苏州园林中看到很好的展现。苏州园林代表了中国古代造园艺术和室外空间设计的最高水平，其主要追求一种人与自然和谐相处的居住环境和一种"心中有竹、园中有竹"的精神追求。

《营造法式》规定了自宋代以后的官式建筑的基本形式和营造方法，对结构、用料、工艺等方面有着仔细周到的指导，统一性的特点正是在这些方面得到体现。材料方面统一的材分制度使木建筑结构节约了大量木材原料，保护生态环境的同时节约大量人力物力，诸如石灰、陶瓦、垫石等辅助材料的制作也是取材于日常生活或者几乎不影响生态循环的物质，并不会对建筑周边的生态平衡产生不利的影响。小木作方面：强调环境和建筑本体的结合，建筑物内的雕刻物件和装饰手法需要与周边自然景物相契合，体现设计的生态思想和使用者的人文情怀。

中国设计的服务人群遍布全世界。根据不同的客观条件，对空间设计的客观功能要求也有着很大的差异性，这种差异性主要以地域和人文差别最为明显。我们会发现有相似的审美追求、价值观的使用者对功能的需求可以截然不同。在现代工业设计理论中可以看到，功能是决定使用设计品外观和构造的最重要因素，如何使同类产品的外观具有明确的功能指向性，需要设计者深刻推敲空间设计行为的内在逻辑，并体现在设计品的各个细节中。这种必要的设计思维完全可以从我国不同地区消费者不同的生活方式中得到。生态学的意义在这里也可以得到体现。在不同地区生产和销售与之匹配的产品或者设计，减少资源浪费，增加产品竞争力。在生产和销售环节中，就地取材、就地生产不但可以节约大量运输成本，宏观上提高设计行为自身的工作效率，增加设计地域和人文特征的同时体现了设计的个性，也可以保持有地域特征的设计风格传统。

体现设计者和设计作品的生态和可持续发展意识，增进社会认识水平对于生态学的认识正在成为衡量设计师的理论水平和时代先进性的重要标志，现代人类社会一直十分重视这个问题，无论是"世界气候大会"的召开还是《京都议定书》的签署都可以看出世界各个国家对于良好生态环境的渴望。而设计师的工作更是一种对于消费者生活方式的设计，这样的影响存在于设计品使用后的很长一段时间。通过设计品给消费者传达生态学思想和生活习惯是一种十分有效的宣传方式，促进了生态学概念在全社会的传播和发展。从消费者的角度来说，一种具有先进生活方式引导性的产品会使消费者感受到使用过程中的新鲜感，最先进的理念和潮流亦有助于提高生活品质、丰富价值观，并且无意识地接触到设计品种所包含的生态概念，通过其他的渠道认知可持续思想，增加对该设计品的认同感，形成良性的消费趋势和信息传递。

我国是一个人均资源匮乏的国家，中国的设计者应当在达到设计功能的条件下尽量减少资源的耗费。生态学以人类生存所依赖的物质基础作为主要的研究对象，没有生态健康的物质，我们就缺少了最基本的生存材料，无法追求更高的发展。所以维持生活环境生态健康，全球气候良性发展的生态学观点可以在宏观上体现中国设计者高度的社会意识前瞻性和设计思想的前沿性，展现积极的精神诉求。从日常生活角度分析，将生态学观点应用在设计学中将关联到生产、使用、回收等完整的价值过程，每一个环节都需要周到的考虑到与设计品相关的每一个细节，方能有效贯彻生态学的相关思想。

第四节 生态理论在室外空间设计应用

一、生态设计的定义

所谓生态设计，简单的解释就是将生态学思想、原理和生态观念与设计结合起来，而生态的观念即人与自然环境协调发展的观念。生态设计指任何与生态过程相协调，尽量使其对环境的破坏影响达到最小的设计形式。这种协调意味着设计要尊重物种的多样性，减少对资源的剥夺，保持营养和水循环，维持植物生境和动物栖息地的质量，以有助于改善人居环境及生态系统的健康。

现在的居室外环境已经不再是绿化草坪、植被的堆叠，而是形成了生态的环境系统，所谓生态环境系统就是在人居环境中发挥生态平衡功能、与人类生活密切相关的绿色空间，即规划上常称之为"绿地"的空间。它作为一类"人化自然"的物质空间之统称，着重表述了人类生存与维系的生态平衡的绿地之间的密切关系，同时强调了绿地影响人居环境建设的主要是生态功能。

二、生态理论在室外空间设计中的应用

（一）应用生态学原理，保护利用场地现有的自然生态系统

在室外空间设计中，应用生态学原理进行设计，保护自然环境不受或尽量少受人类的干扰，现有场地往往经过很长时间已经形成了新的动植物生态系统。在进行室外空间改造时，根据生态平衡原理，要充分地保护利用，尊重场地原有的自然环

境的生态特征，尽可能将原有的有价值的自然生态要素保留下来并加以利用，组织到室外空间的设计中去。主要手法有：

1. 利用当地的乡土资源

乡土植物是指经过长期的自然选择及物种演替后，对某一特定地区有高度生态适应性的自然植物区系成分的总称。它们是最能适应当地大气候生态环境的植物群体。除此之外使用乡土物种的管理和维护成本最少，能促使场地环境自生更新、自我养护。还因为物种的消失已成为当代最主要的环境问题。所以保护和利用地带性物种也是时代对室外空间设计师的伦理要求。

2. 尊重场所自然演进过程

现代人的需要可能与历史上该场所中的人的需要不尽相同。因此，为场所而设计常常不会模仿和拘泥于传统的形式。但是从生态学理论来看，新的设计形式仍然应以场所的自然过程为依据，依据场所中的阳光、地形、水、风、土壤、植被及能量等。设计的过程就是将这些带有场所特征的自然因素结合在设计之中，从而维护场所的健康。作为室外空间设计者应尽量保留原场所的自然特征，如泉水、溪流、造型树、已有地被及名树、古木、水、地形等，这是对自然的内在价值的认识和尊重，这样既能在一定程度上降低投资成本，又能避免为了过分追求形式的美感，对原有的生态系统造成无法弥补的破坏。

（二）基于生态调控原理，利用并再生场地现有的材料和资源

生态调控原理中的循环再生，倡导能源与物质的循环利用贯穿现代室外空间设计的始终，生态的室外空间设计要尽可能使用再生原料制成的材料，尽可能将场地上的材料和资源循环使用，最大限度地发挥材料的潜力，最大限度地减少了对新材料的需求，减少了对生产材料所需的能源的索取。

（三）土壤的设计

在室外空间设计中，植物是必不可少的要素，因而在设计中选择适合植物生长的土壤就显得很重要。主要考虑土壤的肥力和保水性。分析植物的生态学习性，选择适宜植物生长的土质。特别是在室外空间的生态恢复设计模式中，土壤因子很重要，一般都需要对当地的土壤情况进行分析测试，选择相应的对策。常规做法是将不适合或者污染的土壤换走，或在上面直接覆盖好土以利于植被生长，或对已经受到污染的土壤进行全面技术处理。采用生物疗法，处理污染土壤，增加土壤的腐殖质，增加微生物的活动，种植能吸收有毒物质的植被，使土壤情况逐步改善。如在美国西雅图油库公园，旧炼油厂的土壤毒性很高，以至于几乎不适宜作为任何用途。设计师哈格没有采用简单且常用的用无毒土壤置换有毒土壤的方法，而是利用细菌

来净化土壤表面现存的烃类物质，这样既改良了土壤，又减少了投资。

（四）以生态平衡、生物多样性为理论的植物配置的设计

1. 植物材料的选择

根据生态位理论，在进行植物配置时，应充分考虑物种的生态位特征，合理选择配置植物种类，避免各个物种对空间和营养的争夺，物种间互相补充，既充分利用环境资源、生长良好，形成结构合理、功能健全、种群稳定的复层群落结构，又能形成具有良好视觉效果的室外空间。根据各种植地不同的实际情况（如干旱、贫瘠、土壤密实、污染严重、病虫害严重等），有针对性、有侧重点地选择植物种类，尤其是高大乔木优势种的选配，直接决定了园林生态效益的发挥程度。园林生态设计中要求利用不同物种在空间和营养生态位上的分异来配置植物，充分利用空间、营养，各个物种才能协调共生。

因此，在植物材料选择时，应该因地制宜，发挥不同植物的各自优势，最大限度地满足植物生长所需要的生态条件，根据实际情况的不同，进行相应的选择。

2. 运用具有生态效益的植物

不同的树种其生态作用和效益也不相同，有的相差很大。因此，为了提高植物造景的生态效益就必须选择那些与各种污染气体相对应的抗性树种和生态效益较高的树种。

3. 遵从生物多样性原理，模拟自然群落的植物配置

物种多样性主要反映了群落和环境中物种的丰富度、均匀度、群落的动态与稳定性，和不同的自然环境条件与群落的相互关系。生态学家认为，群落结构愈复杂，系统也就愈稳定。因此，室外空间设计过程中，设计多个物种组成的植物群落，比单物种中群落更能有效利用资源，具有更大稳定性，即保持各物种多样性如动植物种资源多样性、各种文化特质多样性等，具有重要深远的生态环境意义。

（五）以循环为主的水的设计

在室外空间设计中从生态因素方面对水的处理一般集中在水质的清洁、地表水循环、雨水收集、人工湿地系统处理污水、水的动态流动以及水资源的节约利用等方面。在室外空间设计中充分利用湿地中大型植物及其基质的自然净化能力净化污水，并在此过程中促进大型动植物生长，增加绿化面积和野生动物栖息地，有利于良性生态环境的建设。

随着公众生态意识的不断增强和技术手段的不断改进，生态学的理念将日益深入人心，并不断渗透到人们的日常生活之中，同时对生态学理论在室外空间设计中的深入和对设计手法的探索与拓展也必将更进一步。工程技术的支持、多学科、各

专业的合作是未来生态设计发展的必然趋势。

三、生态理论在室外空间设计中应用案例——西雅图煤气公园

拥抱自然——理查德·海格（Richard Haag），美国景观建筑协会理事（FASLA），世界著名景观建筑大师，是XWHO设计机构的智囊核心。他被公认为现代景观建筑百年历史最具影响力的景观建筑师之一。RichardHaag对西雅图煤气公园（GasWorkspark），华盛顿BloedelReserve和BainbridgeIsland的构思与设计，让他两次获得建筑师最高奖项美国景观建筑师协会最高设计奖（他是世界上唯一两次获得这个奖项的人）。这两个项目都反映出Haag对自然环境的丰富创造力和敏锐感，对现状基地和原生资源再利用的科学合理性，成为现代景观建筑设计史上的两个经典作品。

西雅图坐落在美国西北部太平洋沿岸，处在艾略特海湾和普结湾之间，北边有联合湖，东边是华盛顿湖。西雅图煤气广场就在联合国湖的北面，正对西雅图市这里是眺望西雅图中央区优美天际线的最佳之地，可以让人体会距离所带来的美感，也让人明白西雅图何以被称为"翡翠之城"（Emerald City）！

图 1-1　西雅图煤气公园

（一）项目背景

1906年，在美国西雅图市联合湖北部的山顶，西雅图石油公司建了一个主要用于从煤和石油中提取石油的工厂。几十年来，附近居民不得不忍受工厂排放的大量污染物对环境造成的巨大破坏。被弃后，西雅图政府十分重视环境保护工作，决定将其改建为城市中央公园。

1970年，市政府委托海格设计事务所负责该地改建工作。最简单的做法是将原有的工厂设备全部拆除，把受污染的泥土挖去并运来干净的土壤，种上树林、草地，

建成如画的自然式公园，但这将花费巨大。海格决定尊重并利用基地现有的资源，从已有的元素出发进行设计，而不是把这些资源、元素从记忆中抹去。

（二）景观生态设计

1970年，理查德·海格在西雅图煤气厂旧址上建设新公园的成功，是生态主义思潮在实践上的第一次尝试，掀开了景观生态设计的新篇章。它将生态景观设计在实践上提高到了一个新的科学高度，为以后的生态设计提供了有益的参考。特别是德国鲁尔工业区的后工业改造。

（三）生态设计特点：土地的利用和再生

哈格对现场调查时发现，煤气厂的土壤毒性很高，挖掘深度至18米时污染仍然存在，没有一种植物能在这种环境中正常生长。经过海格不断的咨询总结，采用生物方法来降解土壤污染，这样做的优点是可以在原地实施土壤处理。首先将表层污染最严重的管道、煤气制造设备清除，并从附近的建筑工地运来未受污染的土壤。至于深层的二甲苯、石油等污染物，则利用底层土中的矿物质和细菌，在深层耕种中引入能消化石油的生化酶，并添加下水道中沉淀的淤泥、修剪草坪剩下的草屑和其他可以做肥料的废物，促使泥土里的细菌去消化半个多世纪积累的化学污染物。

（四）生态设计特点：利用自然规律优化生态系统

由于土质的关系，公园中基本上是草地，表面凹凸不平，秋天会变得枯黄。海格认为，万物轮回、叶枯叶荣是自然的规律，应当遵循，没有必要常年花费昂贵的灌溉费来阻止这现象的发生。

（五）生态设计特点：植物选择

理查德·海格认为，针对工业废弃地恶劣的生长环境，植物应选择：生长快、适应性强、抗逆性好、成活率高的植物；优先选择具有改良土壤能力的固氮植物；尽量选择当地优良乡土植物和先锋植物；选择植物种类时不仅要考虑经济价值高，更主要是植物的多重效益，主要包括抗旱、耐湿、抗污染、抗风沙、耐瘠薄、抗病虫害以及具有较高的经济价值。

（六）生态设计特点：保留、再利用工业痕迹

海格重视场地历史、保留工业遗迹的设计理念，确定了该场地的主题基调。经过有选择的删减后，剩下的工业设备被作为巨大的雕塑和工业遗迹而被保留了下来。东部一些机器被刷上了红、黄、蓝、紫等鲜艳的颜色，有的被覆盖在简单的坡屋顶之下，成为游戏室外的器械。将工业设施和厂房改成餐饮、休息、儿童游戏等公园设施的做法，使原先被大多数人认为是丑陋的工厂保持了其历史、美学和实用的价值。工业废弃物被用作公园一部分的做法不仅有效地减少了建筑成本，还实现了资源的再利用。

第二章 生态视野下室外活动空间影响因素研究

第一节 室外活动空间行为表现因素

一、空间行为的概念

人类的行为与动物行为有根本的不同，人类行为是受社会影响并在目的的制约下，自觉的有意识的主体选择过程。行为地理学者认为空间行为是特定的人类行为规律，并且是探求行为空间问题的基础。Juckle 认为空间行为是"与利用场所有关的人类的知觉、选择、行为"。他提出了由 5 个环节构成的空间行为模式：对象环境、知觉、认知、地理优选和空间活动。认为"对象环境"即现实世界会发出各种信号，人类从与环境的接触中接收信号，形成知觉，从而确定空间活动类型，产生空间行为。

Maier 认为空间行为是人类基本的生存活动，指的是"影响空间的活动"。Juckle 与 Maier 都认为空间行为是由一系列环节组成，Juckle 提出的空间行为模式中指出其由对象环境、知觉、认知、地理的优选与空间活动五个环节共同组成，而 Maier 则提出了信息体系、信息选择等五部分组成了空间行为形成的空间体系。由此可以看出，人类空间行为是与空间相联系的一系列行为活动的组成，那么旅游者作为从事旅游活动的人类，旅游者空间行为应具有人类空间行为的属性。

我国有关空间行为的概念表述可以追踪到陈健昌等在 1988 年对旅游者行为及其实践意义的研究，其研究侧重于强调旅游空间行为与决策行为的关系与空间行为的尺度划分。他指出旅游空间行为是旅游者在地域上旅行和游玩的过程，并据涉及的空间大小将旅游空间行为划分为大、中、小三个尺度。林岚等对空间行为定义有较全面的界定，她认为旅游者空间行为应有广义与狭义之分，广义的旅游空间行为指"与旅游目的地特定空间有关的旅游者知觉、决策行为表现、旅行活动行为规律及旅游体验行为评估的一系列刺激—反应活动过程，即包括旅游者动机行为、决策行为、旅行过程行为及体验行为四个过程,而狭义的旅游空间行为是"旅行行为的地域移动的游览过程"。其中旅游者空间行为的空间表现形式是旅游流。

二、室外活动空间中人的行为

无论是城市规划还是建筑设计都是为了创造一个舒适的人居环境,所有的规划师和建筑设计师设计的初衷都是这样的。尽管目前无论是建筑师还是规划师都在鼓吹以人为本,城市是适合人类生活的宜人城市,建筑是适合人类居住的宜人建筑等一系列能体现以人为本特点的宣言。但是,现代的设计师没有基地现场的亲自体验,仅靠程式化的设计院办公设计不在少数,所以他们所谓的宜人,未必真正的宜人。规划及建筑的设计是由人的行为及活动特点所决定的,所以对于设计师来讲,我们的设计不能仅局限于功能主义,应当对空间中的人们给予关注。我们经常会发现,在公园小路或步行街背靠背的座椅中,面向道路的座椅总是坐满人,而背向道路的却很少有人光顾;人们总是不愿意走天桥或地下通道而选择跨越围栏通过马路;同样是广场,有的广场上挤满了人,而有的广场却空空如也,这些问题都值得做设计的人去思考,即人的行为与活动,从而营造舒适而有秩序的城市及建筑公共空间。

(一)人的活动

促进活动的发生是以人为本的关键,就需要了解人的行为与活动特点来进行设计。人的室外活动不外乎有以下三种:① 必要性活动。在各种条件下都会发生,如上学、上班等。② 自发性活动。只有室外条件适宜才会发生,如散步、晒太阳等。③ 社会性活动。在公共空间中依靠人们的参与,如儿童游戏、交谈等。很明显,如果室外环境质量好时,自发性活动会增加,社会性活动也随之增加。人们多数都喜欢在晴朗的天气去锻炼身体、散步、晒太阳等,人们在室外空间停留,这就提高了社会性活动发生的概率,阴雨绵绵的天气会使得各种活动也随之减少。

公共空间里的人总会选择有人活动或人多的地方聚集,因为从根本上讲,人和人的活动是最能引起人们的关注,也成了人们感兴趣的因素。当有许多人聚集在一起时,总会有旁边的人也想凑过去一看究竟,其实就是"人往人处走"这样的一个道理。同样,步行街之所以诱人,会令人流连忘返,是因为各种各样的玩具、服装、报亭都有吸引人的物品,有让人有可看的东西,才会引发人们的驻足围观,产生人流的聚集,从而也会产生人与人之间的社会性活动。相反,城市主要道路或城市快速路很少有人驻足交谈,人们只想匆匆走过,离开这样一个充满汽车尾气的快节奏的场所,在这样的环境很难会有社会性活动的发生。活动的发生离不开室外的气候条件、室外环境的节奏以及人与人之间的接触强度，高强度的接触会使人与人之间的交往越来越密切，从而产生越来越多的活动。

（二）人的心理与场所设计

场所设计与建筑师联系紧密，那么什么是场所呢？场所不仅仅是一个简单的仅供人们进出的空间，它同时得让人们对空间中的活动有所留恋，为活动的产生提供机会。可以这么说，如果一个空间能使散步、停留、沟通、休闲等成为乐事，那么就会产生大型活动和人流的聚集。其中，步行是极具重要性的活动，一个空间的品质越高，那么这个空间的人流也就越大。芦原义信在《外部空间设计》一书中提出，街道宽度要适宜，空间太大，会增强分散感，太小则显得局促，会让人感觉到压抑。同时，路面铺装材料对于步行来说也很重要，不同的场合路面的铺装材料是不同的，如公园的步行道和商业街的步行街的铺装肯定有所区别。从人的角度出发，人们是倾向于走直线路线的，但设计师为了设计的艺术美，有时候会设计一些曲折有曲线的路线，在这种情况下，草坪反而成了人们的新道路。所以，设计师在设计中要仔细设计路线，线路设计最好不要让步行者看到远处的目标，但又要保证大方向朝着目的地，遵从短捷原则。在开放空间设计步行路线时，横穿或进入空间中心通常令人不愉快，而沿着空间边缘行走则可让人在享受道路或空间边界的同时感受大空间的尺度，除此之外，还能让人们感到空间的细节。另外，在人们的普遍认知里，总是觉得往下走比向上走要轻松一些，因此如果要在城市里设计过街通道，最好采用地下通道，而不是天桥。

驻足观赏可能发生在各种各样的地方，通常而言，最受人们欢迎的地方是建筑立面和从一个空间到另一个空间的过渡区域，这个区域可以让人们同时看到两个空间进行的活动，街道上的柱廊、遮篷或遮阳篷通常是人们站立和停下来的地方。这既满足了他们观察的愿望，又不会把自己暴露在阳光之下。保有一定的隐私是观察者很看重的。对于居民来说，建筑物后门、庭院、走廊和树木起着同样的作用。在居住区，人们总是选择留在建筑物的角落、入口处或附近可以支撑柱子、树木和路灯的地方，设置一个小型度假胜地。小坐功能完善的城市空间为人们提供了很多条件让人们坐下来交流，但人们总是喜欢建筑物周围和空间边缘的那些地方，很少有人去空间最中间的地方，所以好的座位应该有一个良好的朝向和视野。同样的道理，座位不仅仅只是凳子和椅子，台阶、楼梯、矮墙、箱子等它们都可以用作辅助座椅。例如，在所有的威尼斯城市规划中，路灯、雕像、石板和建筑物的外墙都可以让人小坐，享受自己的乐趣，可以说整个威尼斯城都是可以随时坐下来的。这种设计丰富了城市空间，促进了人与人之间的交流和活动。为了创造一个愉快、舒适的空间，只有在停留条件和户外环境适合步行的情况下才能开展活动，应该从心理和社会等方面尽量消除不利因素，最大限度地为活动的发生创造条件。

（三）活动与空间

人与人的交往不是完全在某一特定的建筑形式下进行的，当然交往要取决于人与人之间共同的兴趣和爱好，同样兴趣的人可以从陌生到熟悉，发展为密切交往。建筑师要做的是如何通过设计创造适宜条件来鼓励交往。比如说在城市当中，家庭成员可以在客厅内相聚，住宅组团的居民在该组团的广场相聚，小区的人则相聚在小区广场，不同地点的人可以相聚在城市广场或公园。建筑的规划布局，无论在视觉上还是功能上都要与社会结构相适应。在视觉上，住宅围绕广场或街道以物质形式表现了社会结构；功能上，通过层次的划分建立起了室外的公共空间，支撑了社会结构。按照私密的程度，空间可分为公共空间、半公共空间、半私密空间、私密空间，这是与空间形式的逐步细化和人的心理感受密切相关的。

公共空间方便所有人的交流，半公共空间则是同属于某一地区的人的交流空间，半私密和私密空间则使人的心理具有安全感。在建筑布局的规划设计和室外空间设计中，首先要了解人对于外物的知觉和感知的方式及范围。在观察事物时，人的水平视域总要比垂直视域要宽得多，所以理想的观看对象须与观众保持在同一水平面的前方。人通过耳、鼻、眼和皮肤完成对外界事物的感知。当人与人之间共同兴趣和情感加深时，人与人之间的交往距离也会缩短，通常最适合交流的距离是3.25m。在人与人之间的交往中，设计起着重要的作用。曾经在《建筑语汇》一书中看到交往与空间的关系，有无隔墙，人与人交往距离的长短，速度的快慢，是否在同一标高，建筑小品的摆放等，都直接影响了人与人之间的交往。反过来，建筑的室外空间布局的设计直接影响了人与人之间的交往，建筑设计应以人为本，以人的行为为基准来进行设计。

总之，一个理想的空间是既满足人的活动需求也满足人的心理需求。目前，城市中的居住环境改善了，但人与人也变得冷漠，这除了人和社会本身的原因以外，设计也是非常关键的。双重防盗门、各种防盗措施、到处是车辆的居住小区，这样的规划设计将人与人之间的交流割断了。建筑及室外空间设计需考虑人的行为与心理感受，以人为出发点进行设计才能真正做到以人为本。

第二节　室外活动空间环境整体表现因素

环境可以泛指各种生命赖以生存的空间和条件。室外活动空间的环境整体因素既包括物质因素，也包括非物质因素，主要有以下几个方面。

一、关于室外空气环境的分析

人每时每刻进行着呼吸运动，并通过嗅觉深刻地感受着空气的质量。遇到新鲜、清凉的空气很自觉地会多吸几口，新鲜、清凉的空气意味着氧气、负离子等有益健康的元素含量多，而二氧化硫、二氧化碳、一氧化碳、总悬浮颗粒物和可吸入颗粒物含量达到了标准值；遇到汽车尾气或烟囱冒出的烟气（图2-1），也会不自觉地屏住呼吸，否则就会吸入烟尘和有毒物质而导致咳嗽和不适感。微风有利于呼吸感觉的通畅和嗅觉的感知，大风会影响到自然的呼吸和嗅觉的感知。良好的空气质量不但使人的心情舒畅，还是保持身体健康的基本条件，长时间在不良质量的空气中生活可以使人患病。室外需从外界不断地通风换气，因此居室外空气环境会直接影响到室外的空气质量，对人健康具有很大的重要性。

图2-1 汽车尾气

二、关于室外风环境的分析

风是由高气压的空气向低气压的空气流动而产生的结果，人通过触觉感受到风力的大小、风的方向以及风的温度与速度。"吹面不寒杨柳风"表达了对柔和的春风的喜爱之情。居室外风环境除了具有通风的意义，同时还具有防风的意义。通风包括利用通风进行换气、夏季引导凉爽的气流进入居室等；防风包括对空气流速和流向进行控制，避免室外出现不良影响的强风、乱风等。不良的风环境给人带来不适的感觉，令人窒息，严重者会造成伤害和疾病。（表2-1）

表2-1　风速与舒适性的关系

风速	人的感觉
V<5m/s	舒适
5m/s<V<10m/s	不舒适，行动受影响
10m/s<V<15m/s	很不舒适，行动受严重影响
15m/s<V<20m/s	不能忍受
V>20m/s	危险

一般情况下风总是从高压区流向底压区。但当风遇到障碍物时，风压及风向就会发生改变，风速的降低是很明显的。而突变的形体会引起令人不快的空间湍流，尤其是小区中鳞次栉比或参差不齐的建筑群因阻碍效应产生不同的升降气流、涡流和绕流，使风的局部变化更为复杂。另外微风可以被排列整齐的建筑物、墙、大片植物等放大。在城市中，由于高层建筑过密，极易出现这种情况，因此，不舒适的风环境问题引起了人们的重视。

三、关于热环境的分析

皮肤作为感觉器官的反映可以产生温觉和冷觉，一般情况下视觉还可以帮助判断产生温度知觉。例如：红色可以让人产生温暖的感觉；人可以不用触摸物体，就仿佛可以感知到物体的温度等。居室外热环境主要是通过皮肤来感知到的，居民可以很直接地感受到居室外热环境的状况，温度适宜的条件下，人会感到很舒适，过冷或过热都会感到难受，甚至生病。太阳辐射和风是影响室外热环境舒适的主要气象参数，空气温度和太阳辐射是热舒适的决定性因素。冬季时，老人与小孩喜欢出来晒太阳，夏季则在树荫里乘凉；徐徐的春风和凉爽的秋风可以使人们感受到诗一样的意境；夏日的热风与冬日的西北风都让人们退避三舍。

小区中柏油、水泥、砂石等人造的下垫面与硬质室外空间在夏季会给人带来燥热的感受，这也是人对热岛效应的直接感觉（图2-2），人造的下垫面与人为的建筑物面积占绝对优势，植被相对较少，消耗于蒸腾的热量少；城市上空污染物质多，产生了保温作用,增加了大气逆辐射;市区风速较弱,热量的水平输送少,居民在炊事、降温、采暖、娱乐等活动的过程中向周围环境中排放大量的热量,同时城市下垫面的热容量也较大,这些因素的共同作用使城市内部的气温经常比其他地方高,而出现热岛现象。据中国之声《央广新闻》报道,根据卫星遥感监测发现,成都城区内外的温差最高达到8℃以上,城市比郊区温度偏高,形成了"热岛效应"。热岛效应对人的影响是不可忽视的,国标绿色建筑评价标准GBT50378—2006中规定室外日平均热岛强度不高于1.5℃。而树木、草坪、水池、喷泉则会带来凉爽舒适的感觉,因此应该适度地控制硬质下垫面的面积,尽量多地提高绿地率。

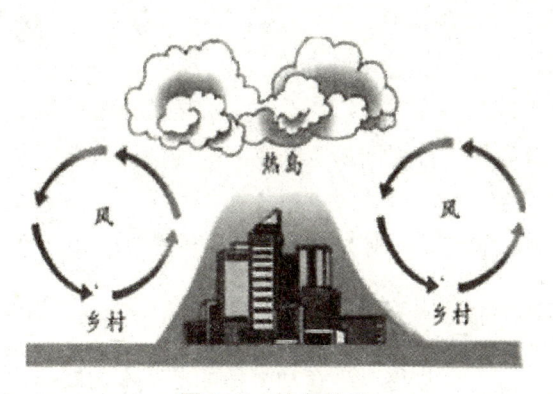

图 2-2 热岛效应

建筑物的密度与布局也可以影响人的冷热感,从通风角度说,密度大、封闭感强的布局因为通风不畅在夏季会使人感到更热,而因为可以阻挡冷风的侵入,在冬季则会感觉暖和一些。从太阳辐射角度说,建筑密度大的建筑群夜间温度会感觉高于建筑密度小的建筑群。在中午和下午建筑密度大的建筑群的温度会感觉低于建筑密度小的建筑群。这是因为建筑密度小,建筑的天空视角系数大,对天空的净长波辐射强,而夜间长波辐射起主导作用,所以建筑密度小的建筑群夜间温度较低。由于建筑密度大的建筑群遮挡部分大于密度小的建筑群,因此接收到的太阳辐射量要小于建筑密度小的建筑群,就会出现建筑密度大的建筑群温度低于密度小的建筑群这种情况。

四、关于声环境的分析

众所周知,耳朵是听觉的器官,在居室外环境中人需要声音的刺激,如果过于安静,会使人产生不安的情绪。适度的声音刺激可以放松神经,或者需要由此来掩蔽心理上的紧张。人在和谐的声环境中有助于形成和谐的整体环境的感知。居室外环境中既有相对热闹的声环境也有相对安静的声环境,自然声、生活声、交通声、人工声等构成居室外声环境整体环境中的各种声要素。只有这些要素在整体环境中达到和谐,才会产生很好的听觉效果,能让人感到轻松和愉悦。在审美体验中,人通过对声音的感知可以引发出声音美学价值的判断,影响着人们的心理并影响着人们采取何种行为,例如:树丛间的鸟叫声、流水的声音象征着美好、宁静、自然的氛围,具有肯定的价值,它让人心境平和,使人向往;而工厂、闹市嘈杂的声音让人感到无序、不安,具有否定的价值,它驱使着人们远离那种环境。另外,人们也可以认识到发声物体的某些方面的特征、性能。而在人们认识到声音某些性能的同时,声音也应满足人们在某些方面某种程度的需求。

如果某种令人不愉快的声音过于明显,就成了噪声。不仅工厂的机器声是噪声,马路上的汽车声是噪声,过于嘈杂的人声也是噪声。噪声的危害是多方面的,噪声可以使人听力衰退,引发多种疾病,还影响居民正常的生活。因此居室外声环境应分为闹区和静区,住宅楼周围的室外空间应为静区,离楼群较远的室外空间可以是闹区。还可以利用声音的掩蔽效应减少噪声的干扰。如闹市中的水声可以掩蔽噪声,起到闹中取静的作用,有利于游人休憩和私密性活动。

五、关于光环境的分析

光首先是地球上所有生物得以生存和繁衍的最基本的能源,是生命之源。为满足植物的自然生态习性考虑,应满足至少 1/3 的绿地面积在标准日照阴影范围之外。自然光对人体健康更为有利,人类的眼球对于自然光的频率分布有很好的适应性,这样,人类观察自然光照射的物体就不容易感到疲劳,有更好的视觉舒适性。人还要阳光来保证正常的骨骼生长发育,尤其是小孩要经常晒一晒太阳,温暖的阳光照射在身上,皮肤感觉暖暖地,非常舒服,既可以杀菌消毒,又可以促进钙的吸收。另外,最近的研究表明,自然光的照射量与心脏疾病有很大关系,尤其对于老年人。

光还使得人通过视觉观察周围的环境,没有光就没有视觉感知。有了光,人才可以看见室外空间的外形、质感和颜色,感觉到环境的秩序与特征。据统计,人认识世界的信息中有 80% 是通过视觉提供的,在审美活动中视觉感知也是主要感知来源,光线的变化给建筑戴上了神奇的面纱,使建筑具有一种特殊的魅力。人会惊讶于在晨光中熠熠发光而在夜色中又隐没于浓雾中的摩天大楼的这种巨大反差(图 2-3)。因为对视觉的过度注重,而有忽视其他感知的倾向。例如:人们观看优美的景色时,把室外空间视为视觉优美,经常运用审美感知和想象构建一个臆想的框架,就像欣赏一幅美丽的风景画一样,从而忽视了客观的不确定的因素和模糊的界限,以及其连贯性、整体性与和谐性,失去了对室外空间的自身所有的特色的更真切的体验。

图 2-3　摩天大楼的光感

环境中普遍存在的光污染将直接影响到人类健康。正常情况下，人的眼睛由于瞳孔的调节作用，对一定范围内的光辐射都能适应。但光辐射增至一定程度时，将会对人的生活和生产环境以及身体健康产生不良影响，这称之为光污染。眩光是一种常见的光污染，是由亮度分布不适当，或亮度变化的幅度太大，在空间时间上存在着极端的对比而形成的。眩光可以是光源的高亮度直接照射到眼睛造成，也可以是由镜面的强烈反射造成。既可以引起人的视觉不适，可促使眼睛的视力、识别速度等机能下降，严重时可使人晕眩，也可以造成人心理上的不适，使人情绪烦躁、反应迟钝。在景观中，有很多小品或场地的铺装使用面积大、反射率高的材料，如：玻璃、磨光大理石、釉面砖等。而这些材料可以折射或反射太阳光造成眩光。建筑的玻璃外墙也会对人产生眩光影响。小区道路、停车场上的车灯应避免直接照射室外；夜间照明的灯具设计既要保证行人的安全性，又要确保不影响居民的正常休息。

六、关于水环境的分析

水是所有生命的基本要素，也是最重要的环境基础。水是生物体不可缺少的重要组成成分。因此，水是生命现象的基础，没有水也就没有原生质的生命活动。人对水有一种特殊的感情，对水的美好的感知也是非常丰富的，不仅仅是视觉的清澈见底或者波光粼粼，还有触觉的清凉和湿润，不仅仅是听到水的流动和撞击驳岸发出的天籁之音，还有嗅觉上的清新的味道。相反污染的水和干旱都会给人的审美体验带来否定的价值。水在居住元素中具有特别的吸引力，水体往往以点缀、环绕、穿行等形式与建筑小品和住宅等建筑相结合，产生情景交融、倒影的情趣和各具特色的环境气氛（如图 2-4）。静态水使人内心安详，人们可以静静地思考、沉淀心灵的杂质。流动的水给人感觉活泼，充满活力，调动人的情绪。不同的水环境给人们带来不同的知觉感受，从而带动不同的情绪体验。

图 2-4　水景室外空间

通过水的蒸发和植物的蒸腾作用，水体有调节气温的作用，有水有树的地方会让人感到比较凉爽，活动的水景如喷泉可以增加空气中负离子的浓度，喷泉开启后产生的水柱在空中碰撞分裂形成无数细小水珠，在宇宙线、紫外线等的照射下，产生大量的负离子。含氧空气负离子接近分子大小，具有高的运动速度（迁移率）和强的生物活性，对正常机体起到良好的生物学效应和卫生保健作用。空气与地面适度的潮湿可以使环境减少尘土，很卫生，但是如果排水不通畅，形成积水则会给人的行动带来不便。

室外空间中水存在的形式是多种多样的，有固态、液态和气态。水作为液态聚集在一起形成水体，有大有小，通过视觉就可以看到；水作为气态存在于空气中，通过呼吸便可感知到空气的湿度；水存在于土壤中，通过观看土壤的颜色和触摸土壤的软硬就可以判断出土壤的湿度；冬季里的水往往变成为固体的冰呈现给人们，给人一种触觉上冰的、光滑的，视觉上晶莹剔透的感受等等。水景可以美化景观，有利于小气候的调节。《健康住宅建设技术要点》中对室外空间中的水景的水质标准规定了绿化指标，对于可利用的中水也有水质要求，对水景设计提出了舒适性和安全性的要求，规定要节约水资源，利用中水和雨水。回用的雨水或中水则应设置相应的污水处理系统。

七、关于绿化环境的分析

绿化环境是构成室外空间审美的主要部分，人可以通过多种感觉来体验绿化环境，视觉可以看到绿树成荫、鲜花满地；嗅觉可以闻到植物的清香和浓郁的花香；触觉可以抚摸到粗粗的树干和鲜嫩的花瓣；听觉可以听到风吹过树叶的沙沙声。而且随着时间、季相、晴阴的变化，可以体验到不同的特色。但如果绿化达不到一定的规模，嗅觉、听觉的感受就会变得微乎其微，多维体验变成了单调的体验。绿化环境对居民生理健康的影响主要表现在：绿视率、小气候、负离子、植物精气及其他保健功能和因子对居民生理健康的影响。研究表明绿色比其他颜色更有益于人类健康，绿色居于色谱的中位，对人体，特别是大脑神经系统功能有益，可有效地预防心脑血管病。绿视率是指眼睛看到的绿色面积占视域面积的百分比，科学研究表明，25%以上的绿视率才能起到对眼睛的保护作用。绿色植物对太阳辐射有较好的反射和吸收能力，因此，绿色植物可降低气温，而且绿化环境还通过叶面大量蒸发水分，带走热量，增加周围空气的湿度，从而调节小气候。绿色植物与周围空气和建筑群间温差造成较强的沿垂直方向的局部流动气流，从而强化了对街谷中污染物扩散和稀释，有助于改善环境空气的质量。城市绿地的绿荫能避免强光照对人的眼睛和皮肤的伤害。由枝、干、叶的摩擦使得空气中能产生较多的负离子，空气负离子具有杀菌、降尘、提高人体免疫力、调节机能平衡的功效。一些研究表明，当空气负离子浓度达到700个/cm^{3}以上时有益于人体健康，达到10000个/cm^{3}上则可以治病。（表2-2）许多林木，例如香樟、松树、侧柏等，能够分泌出强烈芳香的挥发性物质，如丁香酸、松脂、柠檬油等，这些物质都有杀菌作用，被称为"植物杀菌素"，也叫植物精气。植物精气具有消毒杀菌、抗炎和抗癌作用。绿地吸滞粉尘的功效使粉尘对人体的危害有所降低。绿地空气中含氧气量高，研究表明一个城市居民只要有10m^{2}的绿地就可满足氧气的需要。另外绿地对居室外环境的噪声控制也起主要作用。树木的枝叶通过与声波发生共振吸收一部分声能外，树叶和树枝间的空隙还可以像多孔吸声材料一样，再次吸收一部分声能。很多实验证实了植物的隔声作用，因为声音在树叶上经过多次反射和吸收后，会减弱甚至消失。

绿化环境对人的意义是重大的，《健康住宅建设技术要点》规定了绿地率为35%以上。尽量地多绿化，合理地绿化，增加垂直和屋顶绿化，对人的审美和健康都具有重要的作用。

表 2-2　负离子一般分布情况

项目	海边森林瀑布	郊外田野	绿色公园	城市住宅房	封闭的空调房间
含量（个/cm³）	50000-200000	5000～50000	800～2000	20～50	0～10
与健康的关系	杀菌作用 减少疾病传染	增强人体 免疫抵抗力	维持健康 基本需要	生理障碍 诱发边缘	引发空调综合征

八、关于生物多样性的分析

生物多样性是当前生物学和生态学研究的热点问题。因为生态系统的结构愈多样复杂，抗干扰能力愈强，也就易于保持动态平衡的稳定状态。在结构复杂的生态系统中，当某一环节异常造成能量流动、物质循环障碍时，可以由不同生物种群间的代偿作用克服。生物多样性包含了多个层次，主要是遗传多样性、物种多样性、生态系统多样性与景观多样性。遗传多样性是指所有生物个体中所包含的各种遗传物质和遗传信息，既包括了同一种的不同种群的基因变异，也包括了同一种群内的基因差异。生态系统多样性是指生物圈内生境、生物群落和生态过程的多样化以及生态系统内生境差异、生态过程变化的差异性。这些差异通过日常观察是不能感觉到的。在生活的室外空间中对物种的多样性与室外空间的多样性可以观察到一些现象。（图 2-5）

图 2-5　生物多样性

图 2-6　昆虫

物种多样性是指物种水平上的生物多样性。它是用一定空间范围内物种的数量和分布特征来衡量的。生态学对一个地区内物种的多样性，可以从分类学、系统学和生物地理学角度对一定区域内物种状况进行研究。通过日常观察可以对物种的多样性有一个初步的粗略地感觉，通过视觉可以看到不同的生物种类的活动，听到一些昆虫的叫声（如图 2-6），从而反映出这个区域的生态健康程度。如果一个地方经常喷洒杀虫剂，则这个地方能看到的昆虫的数量和种类会明显减少。如果这个环境没有一声鸟鸣，没有任何昆虫、动物的踪迹，笼罩着一种奇怪的寂静，你会有突如其来的死亡的恐惧感。或者一个新建的栖息地的破碎化，导致栖息地内部环境条件的改变，使物种缺乏足够大的栖息和运动空间，适应于在大的整体景观中生存的物种一般扩散能力都很弱，所以最易受到破碎化的影响而大量减少。人会感觉到生物的多样性的缺失和生态健康的破坏。

室外空间多样性是指自然地理区内不同的室外空间在空间结构、功能机制和时间动态方面的多样性和变异性。这里的室外空间多样性是指自然属性的室外空间不包括人文属性的室外空间。人们可以观察到室外空间的组成要素嵌块、廊道和基质组成尺度、结构是否合理，也可以发现景观的高度空间异质性。室外空间是一种显露生态的语言。人们审美体验自然能够发现感受自然元素及自然过程显露，人们对自然的关怀是一种本性。它反映了人对土地系统的完全依赖，人与自然过程的天然的情感联系。这是一种生态审美。

九、关于人文要素的分析

（一）关于人的活动的分析

在室外空间里"人看人"是人活动的心理需求，是一种乐趣。居民的行为模式比较复杂，因为各自的年龄、背景、身份不同，行为特点各不相同，表现尤其明显的是不同年龄的居民的行为特点。有的行为比较热闹，有的行为比较安静；有的行为具有时间性，有的行为比较随意。儿童的天性活泼好动、好奇心强、行动没有规律，需要在大人的监护下进行活动；青少年有良好的学习欲望，爱好运动；中青年大多是上班一族，行为有强烈的针对性，具有明确的目标，他们真正的室外的休憩活动较少，并且倾向于体育活动；老年人害怕孤独，喜欢安静，但因为对邻里社区和对熟悉环境的依恋心理，渴望交流，行动有一定的规律性。

小区室外展开的各种活动与环境的提供性有关，居民行为模式也受环境的提供性的影响。环境能不能提供适合各类人群的活动的需要，直接影响居民的生活质量和心理健康。室外环境应提供给居民轻松自在、能消除精神上的压抑的功能。高层住宅是我国城市发展趋势，居民心里承受着工作的压力、生活的压力同时，再加上高层住宅的封闭性对居住者产生的压抑感，对人的心理健康的影响是非常严重的。所以居室外环境要符合居民行为模式的需要，增强领域感、安全感，促使增加邻里交往和室外活动，减少审美否定的价值，增加审美肯定的价值，从而使居民在美的感受中心理和生理压力得到缓解与消除。

（二）关于地域文化的分析

每一个地方都有自己独特的自然气候地理环境、人工环境、社会结构、文化传统、生活方式等，这就是这个地方的地域人文性。地域人文性是在特定的产生背景下，经过相当长的时间积累形成的，反映了当地人的当地人文化与精神需求。这些地域人文性可通过历史遗址、风俗习惯、文化形式使人们感受到，并成为生活的一部分。室外环境所具有的地域人文性，是家园意识、场所意识的重要组成部分，能给人以认同感和归属感，精神上得到满足。

十、关于环境卫生的分析

俗话说："一美遮百丑。"在室外环境审美活动中则经常会体验到"一丑遮百美"的情况。这能遮百美的丑往往就是恶劣的环境卫生状况。人类生活中每天都会产生大量的生活垃圾，有机垃圾是生活垃圾的主要部分，有机垃圾处理不及时会产生难闻的气味，会腐烂并向四周扩散。视觉和嗅觉都会敏锐地感受到垃圾的污染，心理健康与生理健康都会因此受到影响。应采用先进的垃圾处理技术，达到生活垃圾源头处理减量化、资源化、无害化等要求。觉察到它的变化。正是由于上述原因，我们常常为森林大火所造成的生态破坏而痛心不已，却忽视了日常的生活与生产活动造成的污染所带来的积微成著的环境恶化。

第三节 室外活动空间感知因素

一、感知的概念

《辞海》中关于"感知"有两种解释，一种是"利用感官对物体获得的有意义的印象"，另一种是"感觉和知觉的统称，是客观事物通过感知与人脑产生的直接反应"。"感知"是由"感"和"知"两部分组成的。"感"是物与环境的存在关系的表达是为感。"感"是关系里的主体存在。"知"是存在的对象关系是为知。《说文》中，"感"是指思想受外界影响而产生的反应，"知"是明白，明了的意思。感知是一个复杂的大脑反应和心理情感变化的过程，包括"周边的环境信息对人脑的刺激"和"将这些刺激转化达到了解的目的"两方面，是一个从"感觉"到"知觉"的过程。从感觉层面进入知觉层面需要具备两个条件，一是所获得信息的量与质，二是对所获得的信息进行分析整合的方式方法（跟人的生理结构、教育程度、生活环境等有关）。人不是被动的消极的去获取周边的信息，而是会主动地去选择感知那些容易被接受的信息，人的这种积极探索的精神也是感知的真正意义。

二、室外活动空间感知

室外空间感知是指人在室外空间中活动被周围的事物所刺激并引起大脑一系列的情感反应。

（一）室外空间感知的过程

John. L. Motloch 认为室外空间感知过程包括：模式观察、形态认可、形态意义归结、情感负荷四个步骤。简单来说就是：室外空间刺激——产生感受——升华认知——情感反应，这是一个复杂的心理过程，是物质环境与人的一种互动关系模式。

（二）室外空间感知的状态

人在观赏体验室外空间时的状态会直接影响人对室外空间的感知的状态，根据人的状态将感知的状态分为静态感知和动态感知两种。静态感知主要是关注室外空间的造型、颜色等更多细节方面的处理表现。室外空间感知的动态性则是设置室外空间节点、休憩广场等点状室外空间的重要参考。动态感知会随着时间、空间的转换，发生相应的变化。中国古典园林中的"步移景异"就是最好的体现动态感知的实际应用。这两种状态在室外空间感知的过程中，相依存在，缺一不可，彼此交叉。

（三）室外空间感知的特性

1. 整体性

感知性并不是所有感官感受机械叠加的成果，而是多种感知器官相互作用所带来的结果，感知源于感觉却高于感觉。感知的整体性与被感知对象自身的特点有着密切的联系，还受到人主观意识的控制，特别是与人的经验、成长环境、教育程度等有直接的关系。

2. 选择性

感知活动是人的一种理性思维活动，具有一定的积极主动性。感知的选择性是受人的喜好、兴趣等外界因素影响的，人会根据自我需求有意或者无意地选择性接受感知对象发出的刺激信息，并且对其进行加工，产生新的感知认识。感知的选择性揭示了人对认知客观事物的主动性，是一种自发的积极主动的行为活动。感知的选择性跟个人兴趣爱好、过往经验、心理状态有直接的关系，具有主观能动性，但是也与被感知对象的特点有直接的关系。

3. 恒常性

感知的恒常性是指客观事物的属性发生改变时，感知性在一定程度上仍然保持相对不变的一种状态，这就是感知的恒常性，也是人脑的综合感知反应能力的良好记录。我们周边的世界每天都在变化更新，会向我们的感知系统输送源源不断的新鲜信息。我们有时看到的事物是近距离观看，有时观赏到的景物又距离我们很远，有时事物会处于阳光的照射下，有时会处于事物的阴影中，即使所处的环境在不断地发生变化，但是根据感知的恒常性我们会对事物保持原有不变的认识记忆。比如：一个你认识的人，绝不会因为他改变了发型、穿着或是肤色，就把他变成一个陌生人。感知的恒常性在日常生活中有很大的实际应用效果。恒常性在视觉感知中表现得比较明显，在视觉感知的范围内，可以分为：形状恒常性、大小恒常性、颜色恒常性、方向恒常性等。人们可以在不同的环境下根据事物的实际情况，凭借感知的恒常性去认识事物以及了解周边的环境。

4. 理解性

感知的理解性是指人在感知室外空间时，会根据以往的经验知识对现有的事物进行分析理解，有新的语言去归纳概括并赋予事物新的意义。俗话说得好，隔行如隔山，专业人士在聆听一首乐曲的时候能听得出每个音符所代表的含义，每段音乐都运用了什么乐器去演绎，而非专业人士就只能用"好听"与"不好听"去描述自己的感受，反复聆听之后才会明白音乐中所要表达的情感含义。听觉感知如此，视觉和其他感官感受亦是如此。感知的理解性对人的影响很大，很容易形成思维定式。不同的职务、生活环境，都会在感知的理解上存在一定的差异性。

三、室外活动空间感知的类型

（一）视觉感知

视觉是人类最重要的感知器官之一，视觉对于人的意义非凡，不仅仅是因为视觉是最容易接受信息的感知器官，而是因为视觉在接受信息后可以衍生出更多的感知意义。视觉感知是一种可以将感觉转化成意识，进而上升到诠释空间含义的层面。对于室外空间设计中的视觉感知要素，我国的研究利用比较早，相对于其他感知要素来说理论研究成果比较多，也比较完整。室外空间中与视觉感知息息相关的，就是造型、光照和颜色。有关造型方面的视觉感知主要就是从视觉元素着手分析，针对点、线、面、形体和色彩等在室外空间设计中的应用展开全面而综合的论述。叶茂乐在《五感在室外空间设计中的应用》中详细地研究分析了视觉感知的基本要素，并在研究分析中国传统园林造景手法的基础上，结合室外空间美学的评价体系提出了关于视觉室外空间的设计以及建造方法。好的颜色搭配会使整个室外空间空间增色不少，色彩的色相、明度、纯度都会直接影响人的心理感受。鲜艳明快的颜色会使人心情舒畅；灰色黯淡的颜色会使人心情低落。园林中的色彩搭配需要考虑色彩的季节性等因素，室外空间中颜色会给人带来不同的视觉感受和心理暗示。光照也是室外空间设计中必不可少的元素。白天有日照，夜晚有人工照明，日照会随着时间的变化而变化，目光的亮度、角度都会直接影响室外空间的色彩，夜晚的照明亦是如此。所以光照在视觉感知中也是不容忽视的要素。

人们对于"室外空间"（Landscape）这个词汇，最早的理解是从视觉美学上开始的，即"风景""景色"。20世纪60年代兴起的有关于室外空间评价的标准标志着视觉感知正式纳入在室外空间设计中的研究。70年代，室外空间的视觉方法有了初具规模的成效，并被广泛应用到环境评价、资源规划和城市设计等领域中。80年代，在大量的基础性研究和实际应用的基础上，最终确立了风景评价和室外空间美学的综合理论体系。到了90年代，室外空间评价中的视觉感知理论体系得到了首肯。

（二）听觉感知

听觉感知对于室外空间的体验性意义重大，它是仅次于视觉的感知器官。我们生活在一个有声的世界里，许多东西是只能靠听觉来传达的，我们无法根除声音，声音的优劣会直接影响环境品质的高低。著名学者秦佑国界定了声景学的概念范畴，从美学角度和人文关怀方面分析研究声景学。对生活中存在的各种背景声音以及对人产生的听觉感知的作用做了系统的分析研究。人作为信息的接收者，翁虹从听觉感知要素着手，分析听觉室外空间的设计原理与方法并通过实际的工程案例归纳总结听觉室外空间的设计步骤。王静通过对古今中外大量的园林室外空间设计实例进行分析研究，在通过比较"景"与"境"的含义的基础上首次提出了"声境"这个概念，总结"声境"的基本特点和构成要素，将营造室外空间的"声境"放入整体的设计思想中去。李国琪博士从美学的角度，对听觉感知进行探索，提出"听能形成"，开展对声音感性的训练和教育，在美学的基础上研究声景学奠定了一定理论与实践基础。城市公园是一个城市的形象代表，孙春红结合声景学的概念，总结了我国现阶段城市公园设计中存在的优缺点，并提出了相应的改进措施和实施策略。

最早的声景的概念是在 20 世纪 60 年代末，70 年代初由加拿大音乐家 R.Murray Schafer 提出的。最初是指环境中的音乐或环境中的声音，是从审美角度和文化角度记录那些值得欣赏和记忆的声音，出版了《The Sound Diarp》和《Five Village Soundscape》，从而将声景学的概念推广到欧洲。随着声景概念在全世界的推广，参与调查研究的学者也呈现多样化的特点，学术背景的不同也使声景学的范围迅速扩大。东西有好坏之分，一些学者认为声音也是如此的，环境中有好的声音，也有不好的声音，对于好的，我们要保留，反之就要清除。所以噪音问题也被收纳之中。比如英国的安静权协会，就是在研究并消除噪音。1993 年日本成立了"声景研究会"，宗旨就是让人们更多地关心自己周边的声音，并且关心声音的环境，在重视声音的同时更关注声音的历史、环境以及其内涵的文化素养。日本学者岩宫真一郎在其所著的《声音生态学》中对"声景"有相对全面客观的阐述。

（三）触觉感知

盲道是用来指引盲人通行的。盲道的利用引起了室外空间设计师们对于触觉感知的关注。对于室外活动空间来说，温度、风速、湿度还有体感是人们最为关心的触觉感知要素。这些要素直接影响室外空间的舒适性，也直接影响人们参与室外空间，与室外空间发生互动行为的积极性。室外空间不仅是为正常人准备的，也是为一些特殊人群服务的，比如老人、儿童和一些残障人士。人老了，上了年纪，触觉感知会逐渐退化或是丧失，不如正常人般敏感，因此就要刺激其触觉感知以达到目的。可以在地面上铺设凹凸比较明显的材质，在既满足美观的前提下，又能根据质感的不同来分辨方向，引导人们行走活动。儿童是祖国未来的花朵，处于成长阶段的儿童对外界充满了好奇心，需要在触摸中学习、感知世界。所以在设计时，我们既要考虑活动场所的安全性又要创造出多种多样，层次感丰富的触觉感知环境。

室外活动空间感知性及其设计研究室外空间设计中的植物、建筑小品和地面铺装都能直接影响人的触觉感知。同时也要关注室外空间的温度、风速，适宜的温度、风速会增加人在此逗留的时间，这些也是表现室外空间舒适度的重要指标。

触觉感知是一门综合性比较强的学科，囊括了人体工程学、环境心理学、环境行为学等多种与人的感知性息息相关的学科门类。20世纪50年代后期，盲道的应用揭开了触觉感知在室外空间设计中的面纱，社会的发展需要安定的环境，创建和谐社会，体现人文关怀。室外空间设计师们开始将目光转向那些需要帮助、需要关怀的弱势群体上，尤其是针对特殊群体的触觉感知需求开始在室外空间设计中备受关注，进一步完善室外空间设计中的无障。

（四）嗅觉感知

目前为止对于嗅觉感知的应用基本集中在芳香和香化工程方面。针对嗅觉感知在室外空间设计中的应用还是比较匮乏的。刘金将我国现有的芳香植物进行了比较系统的分析总结，为嗅觉室外空间的设计奠定了理论基础。在《香化艺术在园林中的应用》中提出园林文化的内涵是可以通过嗅觉感知被理解感受的，和视觉感知一样，嗅觉感知也是现代园林设计中比较重要的表现形式之一。

嗅觉感知在室外空间设计中的应用研究很少，基本上仅限于现代医学和香料工业，这两个领域将嗅觉感知作为主要的研究对象。全面系统的分析研究嗅觉感知与室外空间设计之间的关系的文章不是很多。

（五）味觉感知

味觉感知在室外空间设计中一直被人们所忽视，实际的应用更是少之又少。但是随着近年来体验性活动的开发，为味觉室外空间的设计揭开了面纱。我国学者针对味觉感知的研究不是很多，但还是有些许成果的。叶茂乐就在《五感在室外空间设计中的应用》中分析了味觉感知在室外空间设计中的两种表现，一种是本身即是室外空间的直接参与性，另一种是本身不是室外空间但是有间接参与的表现形式。味觉感知在餐饮空间中变现得尤为突出。要选择合适的味道配合餐饮空间的氛围，迎合就餐人员的心理。张俊华教授经过研究发现味觉及其在室外空间设计中的表现一般都是与餐饮空间紧密相连的。例如，就餐空间需要一个相对安静舒适的环境，不宜太过繁杂，这样不会影响我们的就餐心情。

味觉在室外空间设计中的应用研究很少，无论是理论还是实践，都一直被忽视，几乎属于空白领域。现阶段的味觉感知研究应用多用于食品包装、家具用品设计等工业产品设计方面。

室外活动空间感知性及其设计研究。例如，人上了年纪之后，末梢神经老化，对于物体的材质感受不明显，对于温度的变化反应不灵敏，等等。

感知性在实际室外空间中的地位，说明室外空间感知性在室外空间设计中的重要性。室外空间感知要素的角色分析室外空间设计的目的就是要让人在室外空间环境中获得心灵上的满足和愉悦感，这就要求参与者——"人"与室外空间环境之间产生共鸣，激发参与者的情感活动和思维活动，进而影响人的行为活动表现。感知是一切活动的基础，是所有信息的主要来源，是人们了解外界，认知世界的主要方式。视觉感知、听觉感知、触觉感知、嗅觉感知、时间感、位置觉和想象是人在了解事物属性过程中不容忽视的几个最基本的感知要素。相比较来说，视觉感知的感受范围要宽泛得多，是最直观的感受，比较理性的，所以占所有感知的绝大部分。而听觉感知、触觉感知的所能感受的范围有限，但是能直接使人产生生理反应的，在一定程度上会帮助视觉感知完善整个感知体验的过程。不同的人对室外空间感知的需求也不一样，这与人的感知行为能力有关。所以这就要求我们了解每种感知的特性，以及在室外空间中如何表达，充分发挥其自身的作用。

第四节 室外活动空间可认同环境因素

一、室外空间环境含义

泛指由实体构件围合的室外空间之外的一切活动领地，如庭院、街道、广场等。随着建筑空间观念的日益深化，科技的不断发展，室外空间的界限越来越模糊，出现了许多室外相互渗透的不定性空间，如中庭、露台、屋顶花园。从构成的角度来说，室外环境空间是人与自然，人与社会直接接触并相互作用的空间，室外环境空间的幅员宽广，变化万千。

（一）室外空间环境的特点

1.多样性室外空间环境由各种复杂元素所构成，元素有主有次，相互作用。

2.多维性室外空间虽然也是人为限定的，但在界限上是连续绵延、起伏转折的连贯性空间，比室外空间更具广延性和无限性的特点。又如室外环境会有一年四季的变化，所以外部空间的多维性往往比室外丰富。

3.综合性环境艺术和其他的造型艺术一样，有着自身的组织结构，表现着一定的机理和质地，具有一定的形态，传达一定的感情，有自然和社会的属性，属于科学、哲学、艺术的综合。

（二）室外环境的发展趋势

1. 回归自然现代城市充满了人造的硬质景观，这种人造环境疏远了人与自然的距离。

2. 回归历史注重珍惜历史文化，然而现代的社会文化并非历史文化的重演，它必定在新的结合点上达到新的综合、上升和发展。

3. 高情感的逸乐取向，现代化生活中高效率、快节奏、竞争激烈、交通拥挤就需要用一种趣味性、娱乐性的环境来调节。

二、室外活动空间可认同环境因素

人们对环境的认同性与环境的社会文化因素密不可分，影响人的认同性的因素很多，本节试从同质性人群聚居、传统和地域特色以及新时期发展的时代特征等三个方面进行探讨分析。

（一）同质性人群聚居

具有一定相似性的人群的聚居，如：兴趣爱好、生活习惯、价值观念、知识水平、社会地位等可以促进人们对自身环境的认同，也是形成和谐的居住人文环境的重要因素。人群的共性特征越多的居住区中，社会交往度越高。

"长期的观察指出：社区建立得越久，友谊的形成越以正式的组织或职业地位为中心。单纯的实质空间关系的相互影响却逐渐减少。""同质性比空间的接近性更重要。"半个多世纪前美国社会心理学家丁·萨特尔斯和A·亨特的理论不谋而合，他们认为贫民窟与工人阶级的邻里间都存在着强烈的社区归属感，即社区归属感的建立在很大程度上取决于住区居民间是否或在多大程度上存在着共同的需要。这种共性越强烈，居民间的住区归属与认同感具有共性的人群形成在不同时期受到不同社会因素影响。我国传统的居住环境中，人们因血缘、地缘关系凝聚在一起，自给自足的生产方式使他们成为相对比较封闭的集体，由于每天劳动休息在一起，人们经历的是完全熟悉、没有陌生的环境，家里只要有人门总是开着的，也正是在这种彼此相互熟悉的生活方式中人们构筑着群体的社会文化结构。宗族意识、礼教文化以及朴素的自然观念都成为他们生存的精神核心。人们对自己的文化观念具有普遍的认同性，并把它们物化在周围的物质活动空间环境中，体现在自己的行为活动中。商品经济条件下我国的居住环境中，具有一定共性特征的人群的聚集往往受经济、文化水平、年龄等多种因素影响。如在经济因素的影响下，自然以人们收入的不同而形成了不同层次的住区特点，而这些不同层次的住区中人们的生活、交往方式及价值追求是有很大区别的。

（二）传统与特色

"当原始的人类结束了他们的游涉生涯，针对性地对某一块地方产生了认识，并在此相对稳定地居住下来，居住建筑就产生了。"海德格尔称"定居"的过程为建筑形成本质的始端。人所需要的空间与特定的地点相结合，产生了居住建筑，从"定居"这一过程我们可以看到，居住建筑和居住环境从它产生之日起就有着与生俱来的地域性，这种地域性有着浓厚的社会文化色彩。

开始了建筑活动的人们很自然地利用他们所熟悉的地方资源，如用当地的石块、树木、茅草等材料来建造他们的住所，遵从自己所处的自然条件，或依山，或临水，或平地围合，人们总是以最舒适、经济的方式理解并创造着自己的居住环境。正是这种特殊的适应性才形成了各自不同的空间格局、景观特色、色彩、建筑符号等环境和空间特色，也造就了丰富多彩的居住环境的文化氛围，如北京西郊"川底下"村依山就势的北方山地四合院、江南居住环境中的"小桥流水人家"、黄土高原的"窑洞院落"等就是以各自独特的风格展示着不同地域条件下的居住特色。地域自然条件和社会、文化因素的交织形成了北方胡同、四合院与南方里弄街巷的生活空间特点。

这些独特的成熟的环境空间特色蕴含了特定时期的社会组织结构，约定了人们的行为模式和思想观念，形成了不同的生活与审美习惯，展现出不同的居住文化特色，而居住环境中人们心理上的认同感和归属感正产生于可认同的住区环境特色，不仅在于对传统和地域特色的发展，更是要延续这种地域文化所带来的精神内涵。

在经济、技术日益全球化的今天，文化的交流超越了地域和国界，人们可以了解到与自己生活环境完全不同的居住环境和生活方式，但传统的地域文化所带给人的生活观念和审美价值等却是一脉相承的，片面追求和模仿异域的环境符号或景观特色，往往会给人们带来心理的迷失和不认同。北京狮城百丽居住区的室外环境倡导的是新加坡亚热带特色的生活场景，不仅居住建筑本身大量运用了亚热带地区建筑的创作手法，室外环境中也大量"种植"了象征热带风光的仿制椰子树，中心绿地布置有大面积水景喷泉、室外烧烤平台，每户的窗台和门前都挂满了鲜艳的塑料花草，却因为没有人的参与活动而显得冷冷清清。这样的环境创作放弃了自身的地域文化特点，它最终带给人的只能是一个概念却无法带给人真正的"体验"和"认同"。

（三）时代特征

居住环境是人们现实生活的外在体现，它来源于现实生活的经验和精神特征，因此，居住环境只有赋予时代性的特征才能为生活于其中的人们所接受。如何在居住环境中体现时代精神，就是要关注今天这个时代条件下，人们的生活方式和生存观念发生了怎样的改变，需要以什么样的环境空间来适应这种改变。

1. 时代特色的科技文化

现代工业和科技的发展不断改变着人们的生活方式，也改变着人们的时空观和价值观。人们在追逐现代科技物质文明的同时，也在享受着与此文明相伴而生的科技精神文明。小汽车、电脑和网络已经作为一种文化现象进入了我们的生活不断拓展着我们的交往空间和交往方式，同时也给我们的居住环境带来了前所未有的变化。

2. 小康生活的休闲文化

小康社会的发展使得人们的消费水平不断提高，五天工作制和"五一""十一"的带薪长假，给人们带来了更多的闲暇时间，也给了人们更多实现自我的机会和舞台，以健康、交流为主题的休闲文化逐渐成为人们生活的重要组成部分，丰富多彩的社区交流活动、跑步、游泳、各种球类包括白领阶层的高尔夫球等，都作为文化现象显示了新时期人们健康的生活追求，居住环境也以更加丰富多彩的空间和设施满足人们的需求。

3. 回归自然的绿色文化

人们已经充分认识到21世纪要走可持续发展的道路，实现回归自然、创建理想家园的梦想。回归自然首先要保护区域原有的生态环境，大规模的推平重建，过分园林化、几何化的绿化空间并不一定能给人带来亲切的自然感受。新时期的绿色文化强调人的参与性，随着全球生态意识的觉醒，住区环境更重自然空间对人的精神作用，培育人的环境生态意识。

本节主要对"人"这个行为主体进行了深入的分析，从人的基本尺度解读、人的感知因素、人的交往活动行为三个不同的方面层层深入地剖析人与室外公共空间的互动影响因素。

（1）人的基本尺度，这是人对"人性化"环境最基本的要求，只有了解了人的基本尺度才有可能营造出舒适的空间环境。

（2）人的活动交往行为——展现了人在居住区公共活动空间环境中的生存状态，不同的行为空间场所会对人的室外活动行为起到促进或阻碍的作用。

人的行为类型分为：必要性活动、自发性活动和社会性活动。人的行为是相互的，这样就产生了居民不同的行为关系，其包括：包容性行为关系、专一性行为关系、适应性行为关系、平行性行为关系、排斥性行为关系。

不同的人类群体，其活动行为是不一样的，本节从老年群体与儿童群体的分析，可以从两个极端，再次对人的行为作进一步的了解。

（3）人的感知是人的视觉、听觉、体验等都种感觉的综合体，不同的人对同一空间场所有不同的感知，同时，不同的空间场所对不同人的感知也有着不同的影响。

人对环境的整体感——一个完整的环境空间体系，本身就具有一种社会凝聚力，给人以亲切感。分析了空间结构的完备性、空间结构的叠合性、空间纹理的细密性等对环境整体感产生影响的因素。

人对环境的安全感——安全感是人与环境空间系统的相互作用的共同结果，这样的环境能给居民带来生活乐趣、邻里和睦的同时，也能给他们的社会生活带来不受困扰的安全感。分析了现象行为与控制性、场所的分离、场所的领域性的对环境安全感产生影响的因素。

当人对环境的认同感只有住区环境所传达出来的信息同人们所依据的生存观念相一致时，人们才会对居住区环境产生认同感。分析了人的同质性特征、传统地域特色和不断发展的时代观念是具有认同感的住区文化环境的因素。

第三章 生态视野下室外活动空间设计

第一节 室外活动空间设计发展研究

一、室外活动空间设计的发展

室外空间设计的理论和实践最早都起源于经济发达国家。20世纪50年代，工业化带来了严重的污染，如水污染、土地污染、空气污染和噪声污染等，使城市居民受到了极大的影响。环境质量的急剧恶化引起了各国政府和人民的关注，尤其是一些工业发达的国家首先开始重视室外空间环境的设计问题。

（一）国外居室外空间设计的演变与发展

世界上最早开始研究居住与环境问题的国家是英国。英国早在1909年就制定了"住宅与城市规划法"（简称"09年法"），并提出了"舒适性"的概念。但长期以来，"舒适性"的含义着眼于"生活"，而不是"生存"，直至20世纪30年代以后，"舒适性"一词中才逐渐加入了有关防止环境污染的内容，这使这一名词的概念和理论在世界上有着极大的影响。

步入20世纪90年代，室外空间设计在飞速发展，"传统"概念向模糊化发展，世界流行文化室外空间设计师越来越注重"共性化"的创造。室外空间设计更有几种引人注目之处。如大型复合商业设施的升级、历史文化的香味、自然材料的应用、高科技的应用，中国在近50年里室外空间设计有了很大的发展，今后应在"国际新文化环境的创造方面予以更多的重视。

民族风格的新发展是一件让各国设计师们共同追求的课题，现代社会单纯地说某种东西是民族风格是会让人发笑的。新风格的出现也是新文化到来的预兆。适当地在一定程度上保持地域文化特点是为了将来、未来给子孙们留下一些历史的痕迹。运用传统的文化思想的香味，结合今天的科学技术创造出的作品自然会产生新的民族文化和风格，它的世界文化即民族综合创新的探索追求。现代世界室外空间设计流行的风格就是民族共存，共同追求的新风格。

对传统的认识价值，包括文化史、民俗史、政治史、军事史、经济史、建筑史、科学史、技术史、教育史等等人类活动的一切方面的历史。现代室外空间设计是一部存在于空间环境之中的大型的、直观的、生动的、全面的史学书。

现代室外空间设计有着丰富的记忆，因为她是人类文明的果实。她包括个人的、人民的、民族和国家的。有的是反映人类新时代的脉搏的健康基础。现代室外空间设计本身的美值得提倡、欣赏、发展。它更使城市和乡村千变万化使商业环境不断升级，这绝不是任何当代规划、建筑规划、建筑空间或一种设计所能做到的。那是一种能饱含着历史感融合现代文明之感的美。

室外空间设计的展开，启迪了人的智慧和价值，包括启迪建筑师的创造思维。艺术家、文学家、历史学家、哲学家甚至科学家，都可以从室外空间设计获得感受、获得学习。

可惜目前太过于片面地开发它们而忽视的文化档次，以致祸患累累。新民族风格绝对不是在传统的文化里拿出一两种符号原封不动地使用。新的民族风格应在所生长的时代环境里长出适合新的空间的花朵来。这就要求她的速度、情报更科学、更完善地反映现实。

在当今能否找出表现民族风格的一个新"题目"？从客观上看过于苛求民族风格的设计将陷入或走进狭路。在新的室外空间设计中有传统的文化做基础。在新室外空间中自然产生新的民族风格。在某种程度上在新的时代里民族风格事实上已转换成——世界的全球性流行文化，并形成了一定的范围。

人们可以关注现代风格室外空间，实质上现在的世界流行风格就是人类民族传统风格的各层反映。如今的各国家设计师正以本地的发展速度和文化基础创造出地域风格。这种地域风格里有很大的百分比是国际流行风格。她的香味飘进了全世界任何一个角落。每一位空间设计师对她都有不同的反映。

设计师本人就是一个比例尺。无论在任何环境里必须拿出这个比例尺（原本比例），对所处的空间进行比例、尺度的比较分析，时间长了自然成了一种职业的习惯。设计意识就是在日常生活中逐步对空间、环境、形态、比例观察而产生的一种职业习惯。

与时代的对话不是谁都成功。设计作品的表现手法异常之难是不难想象的。不同的空间，不同的设计要求，给人能够对话的引导是设计师在设计中寻求的道路。室外空间设计就如同人的衣服之间的关系。人对自己的服饰是下一番工夫去思考的。但真正能够找到适合自己形体，展现自己风貌，表现自己性格的服饰，体现出全面修养和知识，不是谁都能找到的感觉。室外空间设计作品的完成，对使用者和观赏者的意见听取是最好的结案。找到适合现代室外空间环境，探讨室外空间环境设计是每一位设计工作者在现时环境空间设计领域里追求空间表现的一个课题。

要改变、引导全社会对传统观念的新认识。在现实的环境里找出一条中国民族风格的新表现方法。在五千年历史长河中，国人的建造物里面肯定有适合今天社会文化的精华，努力去寻找定会找出新的表现形式，寻找它为民族风格的发展发行了一张在空间设计领域中跨进21世纪室外空间设计的门票。

在室外空间设计物身上附加照搬古代文明符号，是设计上最要不得的东西。文明的历史香味飘进了现代建筑空间，同时香味也飘进了室外空间，而这种香味是指在某种程度掺进传统的精神。它是在对传统文化的理解消化基础上所产生的一种时代风貌。这就是设计者今天要追求的时尚，它既要强调历史性、文化性，同时还要产生时代性。

认真对每一个细节进行分析，是对一个设计师的设计水平综合评判的唯一标准。把握整体大方向的形态、仔细刻画是势态、形态、姿态加强的重要视点。新一代设计师追求的应该是去掉镜框的作品，融入新的构思。

经济成长和国际化的进展，海外旅行者的进入，国际金融的登陆，国际化饭店的进出，外国建筑师的涌入，中国建筑法的实施，人民生活质量的提高。旅行的大众化、组织化是新空间室外设计的一个大发展的机遇。

设计师到了提高修养、品位的时候了。对比例、尺度、色彩和造型的完美和谐与统一，是这个时代的要求，精品应该诞生在对环境和条件深入的调查与理解中。对维护传统风格、夺回传统风格、唯我独尊、以自我为中心的设计心态应严加克服。积极探索，试图超越，设计观念的异彩纷呈是检验一个设计师的标准。设计师切忌匆匆忙忙，顾此失彼。建筑物在功能、构造方面，现代人比古代人更科学了，可空间、环境、形象、风格在当今社会里确实成了设计师的一大研究主题。

在今天的中国，建筑空间、室外空间的概述已经变得广泛。人类大部分的信息是通过眼睛获得的。一个有着深厚修养文化的设计师很注意新文化的视觉效果。室外设计师更要迅速抓住这一瞬间。欧美近现代在室外空间设计上领先于我国，在设计与施工方面一体化，形成了欧美风格流行文化。战后的日本涌现出很多有名的建筑师、室外设计师。在探索民族风格的道路上，代表人物那就是安藤忠雄（TANDAO）。在他的作品里，可以看到日本风土文化加现代技术。也可说他是古典风和现代化的代表人之一。他的作品已被全世界设计人士注目。新的形象，新的空间出现在人的眼前，给人的感受是最好的答案。古代中国人建造了阿房宫、故宫，现代人每进入以上空间环境里都会产生一种民族、自豪之感。在大设计时代到来之前，青年设计师会不断涌现。期望着像中国文字一样的设计风格出现。在中国文化五千年的长河里，有着非常丰富的营养和资源，找到她最精华的部分用于今天。这一文化的寻找是要靠一个综合性集体才能实现的。随着对外开放不断扩大，对未来的室外空间设计师来说要有一个国际通的设计观念，加入世界多元文化里，实现再创中国民族设计雄风。

我国的室外空间设计师经过了几十年的发展，已初步形成了一支初具实力的职业设计人才队伍，无论从人数量和素质上都达到了一定的水准。新时代给室外空间设计师们提供了空间和时间，同样也面临着设计人才的更替、设计队伍重组及来自各方面的压力。室外空间设计师作为一个热门职业的同时也存在着潜伏的危机。

国外室外空间设计中有很多东西值得我们借鉴，随着改革开放的深入，国外空间设计与国内市场联系加深，但由于社会制度、文化背景、生活方式和价值观念上的差异，我们更应根据中国自有的特色，发展本土的、地方的居住景观环境理论与实践，传承我们的悠久文化，陶冶人们的文化品位。

（二）国内外室外空间环境的演变与发展

中国室外设计师发展大致分为三阶段：

1. 二十世纪五十年代，十大工程的出现给中国室外空间设计奠定了基础，第一代室外空间设计师出现。

2. 二十世纪八十年代改革开放，内需外引给中国室外空间设计发展创下了良好环境。这一时期是老设计师与新设计师交替阶段。

3. 二十世纪九十年代中期以后室外空间设计逐步走上了正轨，同时出现了大批的年青设计师。室外设计师队伍面临着一个不可抗拒的人员交替。正如改革开放初期老一辈室外空间设计师还发挥着作用，但队伍的中坚力量已由出生于二十世纪五六十年代的第二代室外设计师所代替。等到了进入二十一世纪，接力棒将传到八十年代出校门的新一代室外设计师的手中。这一代的设计师们将担负起历史赋予的重任，他们在任何一个方面都显示出了一定的优势，同时也将决定中国室外空间设计今后创作及发展方向，为探索中国现代风格不懈地去追求。

今天室外空间设计师成长渠道也更加多种多样化了。改革为人们更深入地了解外部世界提供了机会。出国学习和进修的室外空间设计师越来越多。出国人员中的一部分已学成回国并活跃在设计领域。

在向社会主义市场经济转轨的过程中，室外空间设计师一直面临着一个激烈的竞争。各种设计单位努力求得在严酷的现实中站稳脚跟。当前设计市场不规范，法制不健全、管理跟不上，这将使已有的矛盾更加突出。为此迫切需要明确室外空间设计者的责任、权利，来规范职业行为，使取得项目方式更加公正，收费更加合理，审查方式更加科学化、法制化，以适应新的形势。

在我国，随着经济的发展，改革开放的深入，人们生活水平的提高，人们对室外环境质量的需求已经从简单绿化、景观美化到有较高生态效益、较高质量、关注健康等具有认同感、归属感的城市家园。生态思想的融入，使室外空间景观设计走出了狭义的视觉美学的范畴，使其研究对象从单纯的物质空间环境走向社会、经济、自然、人相互协调发展的层面。

二、室外活动空间设计现存的问题

（一）形式单调划一

由于规范的限制和住宅开发商追求最大利润的本能，现在套型设计和楼层选择时大多分为五类：六层左右（顶层跃层）的多层住宅、十一层左右（顶层跃层）的小高层、十八层左右（顶层跃层）的高层住宅、三十层左右的高层住宅和一百米以上的超高层住宅，前三类住宅占领了住宅市场的大部分江山。一般来说，多层住宅最受欢迎，在景观布局中多被放在景观效果最佳的中心地带，而另外几种住宅则渐次被排列在外围场地，居住者不但距自然环境最远，缺乏良好景观视野，还不得不忍受城市交通产生的噪声和灰尘，马太效应在此得到了有力印证。

套型分类和布局的高度统一造成了不同空间环境的相似性，同一组团中多选用相同层数的住宅楼又造成了同一空间层次单调划一的局面。为了分期开发销售方便的需要，小区组团往往选用相同层数（在大多数情况下这意味着相同的开发成本）的住宅楼进行布局，由于日照间距和消防安全的要求，加上开发商追求"最大建筑面积"的要求，居住建筑多呈现模式化形象。

很多小区在设计中不结合基地的实际情况，直接挪用国内外住宅区甚至公共建筑群中已成体系的景观设计，不但没有体现当地特色，反而可能成为再次被抄袭的对象，结果是抄来抄去，"原版"设计的精髓逐渐流失，居民最终看到的往往是流于平庸的模式化。

（二）建成环境的广告化，缺少使用者的参与

当今一些环境的设计者再进行环境设计时，往往考虑的是空间构成、平面构图和建成环境的广告效应对环境中人的实际需求和使用考虑不足。在不少的环境创作中，片面强调大尺度的草坪、广场，过分强调环境的园林化创造，用名贵的树种、高档的室外材料和名目繁多的景点等对室外环境进行包装，忽略了人的室外行为的

心理和精神生活的人性需求，易使环境华而不实。例如：深圳市某住宅区环境设计中为追求绿化的景观效果，选用了只有观赏性而没有遮荫功能的植物——霸王，而深圳市的日照时间长，太阳辐射强烈，居民从入口到各个住宅的平均步行时间为7~8分钟，在这样的烈日下，居住者还有欣赏景色的兴致吗？北京中海雅园的院落活动空间用光滑的大理石铺砌，给人的活动带来了很多不安全因素。过分炒作环境创造并不一定能让居住者充分使用并享受室外公共空间环境，反而在一定程度上会增加经济负担和不安全因素。

（三）缺少"个性化"的室外空间环境

新时期居住环境的人性化理念要体现现代人对展现人群个体特点的需求。二十世纪90年代以来我国住宅的大规模建设是在借鉴国外小区规划的理论下进行的，有着严格的空间和设施的指标限制，同时把居住人群作为均质对象构建居住环境模式，没有考虑人群的职业、年龄、经济水平等差异以及他们对环境品质的不同需求，忽视了居住环境的个性特点。然而在现代的规划建设中，不仅用户的群体不同，他们的社会经济地位、文化背景不同，用户的个体也因其职业、品位、审美观点千差万别。当今我国室外空间环境模式的单一化已经明显不能满足多样化的人群需要了。

（四）缺少安全感和空间领域性

缺少安全感和空间领域性：安全是人类生存的重要条件，现代居住建筑行列式布局形成的极度开放和缺乏领域划分的室外公共空间，在一定程度上给了犯罪分子以可乘之机，削弱了其可防卫性。居室设计产生的安全隐患加上居民邻里关系淡漠，导致了到处可见杂乱无章的包封阳台，邻里之间也戒备森严，不能形成居民的邻里意识与归属感。

营造人性化的室外公共空间环境，正是试图从解决这些具体问题的研究出发，寻求外部空间环境与人之间建立良好关系的方法和意义，为人的生活创造更有意义的空间环境，将其建设成真正满足人们物质需求和精神需求的理想家园。

第二节　室外活动空间设计原则

一、与自然共生原则

人是从自然界中分化和演进而来的，人和自然是生物链中重要的一环。长期以来，在主客二元对立的审美方式下，人类过分地夸大了自我主体的能动性，在认识活动中对客体（自然）进行静态的把握，双方的互动产生的中间状态和过程往往被忽略，复杂的世界被简单化，完整的生命被分门别类化，生命的运动规律被打乱，客体既难以达成主体的目标，生态危机就不可避免地产生了。当人试图对自然界作过分的索取时，只会受到大自然的报复。所以人类应该充分认识到自我是生态共同体中的一员，应在正确认识自然、合理利用自然、在自然能够承载的范围内适度地增加人类的物质财富。人与自然双赢共生走向和谐才是惟一的出路。生态美学正是以生态价值观为取向，对审美现象和规律进行再认识，它克服了传统美学主客二分的思维模式，强调了审美主体的参与性和主体对生态环境的依存关系，体现了审美境界的主客同一和物我交融。

人类自然情结也促使人与自然的共生成为历史必然。面对一片郁郁葱葱的森林或者一望无际的大海，一片百花盛开的草地或者一弯碧波荡漾的水面，白云飘浮的蓝天或者一轮皎洁如玉的明月，人们内心深处都会由衷地产生喜爱之情。这种情感是人类广泛存在共同的原始自然情结。自然也是人类才智的源泉，人类的发明创造大都是从自然获得灵感，再转变成大自然的产物。在越来越人工化的社会里，自然情结作为唤醒人类意识的工具，可以帮助人们从自我禁锢、环境压力、被忽略的情感世界中解放出来。

（一）生态适宜性分析原则——对人类中心主义的摒弃

工业革命之后，随着科技与生产力的迅猛发展，人类控制自然的力量也迅速增长。在这种情况下，产生了以唯科技主义、唯理主义为代表的"人类中心主义"观念。法国哲学家勒内·笛卡尔认为凭借实践哲学就可以"使自己成为自然的主人和占有者"，提出了"我思故我在"这一形而上学的第一命题；另一位德国古典哲学的开山者伊曼纽尔·康德提出了"知性为自然立法"的主张，重申了人类高于自然的见解。在"人类中心主义"观念指导下，人类对地球获得了史无前例的统治权力，"工业化"使得自然成了被掠夺、肢解的客体。造成了严重的环境污染与局部的生态灾难，植物和动物的物种每天都在灭绝。这种"工业化"的步伐已经到了不得不扼制的时候了，"人类中心主义"观念也到了不得不改变的时候了。

恩格斯所创立的辩证唯物主义自然观批判了"人类中心主义"、唯心主义，强调了人与自然的联系性、强调人的科技能力在自然面前的有限性，批判了"人类高于其他动物的唯心主义"的观点、批判了人类对自己改造环境能力形成的盲目自信，以及人类对环境破坏的日渐严重性。海德格尔从根本上解构了自柏拉图以来将主体与对象对立起来的思维模式，也从更为原始的意义上解除了作为现代哲学和现代性根基的"我思"主体，最大限度地抛弃了主体中心论。海德格尔认为，放弃传统的人类中心主义，对主体性的"出让"使人进到了真理中去了。

1969年，美国著名的室外空间师、第一代生态规划师伊安·麦克哈格，出版了著作《设计结合自然》。麦克哈格在倡导理解自然、尊重自然的同时，将设计与自然相结合，提出建立城市与区域规划的生态学框架。这种生态规划法的核心在于：根据区域自然环境特征与自然资源性能，对其进行生态适宜性分析，以确定土地利用方式与发展规划，从而使自然的开发利用与人类活动、场地特征、自然过程协调一致。他的生态适宜性分析始终坚持：生态系统可以承受人类活动带来的压力，但该承受力是有限度的。人类应与大自然结合，而不是与大自然为敌；某些生态环境对人类活动特别敏感，甚至会影响整个生态系统的安危。麦克哈格的规划遵循这样的过程："自然过程规则——生态因子调查——生态因子的分析综合——规划结果的表达"，这是以因子分层分析和地图式加技术为核心的规划方法，被称为"千层饼模式"。然而"千层饼模式"（如图3-1）只强调了垂直自然过程而忽视了水平生态过程。随着生态学研究的范围不断扩展，室外空间生态学强调水平生态过程，注重"空间——生态"研究，直观地描述了景观格局中的生态变化规律。近年来这一规划方法又融入了社会学的方法。另外，还应在生态环境调查的基础上，采用室外空间生态格局修复法来补充适宜性在室外空间生态格局的修复和创建问题的不足。通过生态环境的修复来更为主动地创造良好的人居环境。

图3-1 生态主义设计

打破人与自然之间人为的界限，改变"人类中心主义"观念，对自然重新认识，部分恢复自然的神奇性、神圣性和潜在的审美性，建立一种人与自然的崭新关系是在设计中首要坚持的原则,将尊重自然、敬畏自然的理念引入室外环境设计中。

(二)适应性分析原则——对生态中心主义的摒弃

当代西方环境美学的开创者之一加拿大美学家卡尔松提出了"自然全美"理论。他说:"全部自然界是美的。按照这种观点,自然环境在不被人类所触及的范围之内具有重要的肯定美学特征:比如它是优美的、精巧的、紧凑的、统一的和整齐的,而不是丑陋的、粗鄙的、松散的、分裂的、凌乱的。简而言之,所有原始自然本质上在审美上是有价值的。自然界恰当的或正确的审美鉴赏基本上是肯定的,同时否定的审美判断很少或没有。"卡尔松的"自然全美"理论表现出了完全的"生态中心主义"倾向,他将自然的包括审美在内的价值绝对化,离开了自然与人紧密相连的"生态系统"来谈论"自然之美",从而走上了将生态性与人文性相对立的错误轨道。

随着生态环境越来越受到人们的重视,这种生态性与人文性的对立同样有所体现。

许多设计师遵循以生态主义原则为指导的设计准则。例如:研究区域内生物多样性,顺应基址的自然条件,合理利用土壤、水、植物和其他自然资源,充分利用日光、自然通风和降水,尽可能地使用可再生资源。选用当地的材料进行建设,特别注重运用乡土植物。建立生态系统的保护,发挥自然本身的能动性,发展良性循环的生态系统。大量运用自然元素体现自然过程,尽量减少人工的痕迹。毫无疑问这些生态主义原则是需要考虑的,但是,在规划设计中只强调生态原则而忽视人文性成为生态中心主义,造成了一种盲目的只注重生态的设计,使室外环境过于平淡,无法满足人的审美需求,甚至导致室外环境的实用性与功能性缺乏。再进一步地说,生态中心主义设计无法满足人们习惯上一些偏爱的要求,这些偏爱是"基本意识"的反映,这些"基本意识"应该得到考虑与关照。

高博斯特提出了"适应性"概念,是为了建立新的景观评价标准,使审美体验向生态感知和理解转变,从而解决审美价值和生态价值之间矛盾。这样将"适应性"概念应用到设计中,通过寻求人类活动和自然世界之间的"适合"或同一性,把人的审美偏爱与生态健康、物种多样性进行分析,并融合在一起,形成一种综合性的结论,以此作为设计工作的依据(如图3-2)。例如人们喜爱看上去像风景画一样的景色,喜爱整洁、干净的自然环境,"适应性"的设计原则就是要照顾大众的这些习惯的同时,还要考虑生态健康、物种多样性。具体做法可以在室外环境中的适当局部区域设为生态教育性区域,体现自然性,并从空间的诱导性考虑减少人的活动频率,而人需要经常活动的区域则要考虑人的审美偏爱的需求。因此,对"生态中心主义"的摒弃意味着在室外环境设计中要既考虑自然因素也考虑人性因素,这样才能把人和自然统一起来。

(三)充分利用自然室外空间原则——对艺术中心主义的摒弃

黑格尔认为美学就是"美的艺术的哲学",将自然的审美基本上排除在美学之外,并且由此决定了艺术之美高于生活自然之美审美取向。这是一种典型的"艺术中心主义"的观点,是"人类中心主义"在美学与艺术学上的反映。这种观点是不符合事实的,美学理应包括艺术、自然与生活的审美三个部分,而且自然在人类的精神生活中具有基础的地位,因此应对"艺术中心主义"加以摒弃。18世纪早期,英国经验主义思想家约瑟夫·艾迪生和弗朗西斯·哈奇生提出,与艺术相比,自然更适合成为审美体验的理想对象。无边的沙漠、连绵的山脉和广阔的水面是这样的宏伟、辽阔和壮美被认为是审美愉悦的源泉之一,显示出自然的卓尔不凡和"崇高"。现实生活中的美不仅仅是自然的美更主要的是人工的美,蕴含着千百年来生态演进的历史和文化发展变化的历史,是集体和自然共同创造的结晶。它极大地影响与规定着人们的生活方式与行为举止,使人们实现诗意的居住,蕴含着家园感。因此正像俄国伟大的思想家、作家和批评家尼古拉·车尔尼雪夫斯基所认为的:美就是健康的充满活力的生活。

图 3-2 适应性设计

然而,人为了自己的生存而利用和改造自然,也破坏了自然环境。创造的人工环境愈来愈多,失去的自然环境也愈来愈多,这给人在心理上和身体上带来莫大的损害。近年来,英国在新居建设中,提出生活要接近自然环境的设计原则,这个原则在我国目前以高层住宅为主的室外环境建设中尤为必要。居民在高楼林立的、建筑中，被像一座座钢筋混凝土的山的高层住宅围在其中，造成了很严重的心理压力。所以在居住室外环境设计中应充分利用大自然中的日光、空气、水、树木、花草、虫鸟等自然因素，描绘自然性空间，创造出丰富多彩、千姿百态的居住环境。这些有活力的因素给人的心理上造成生机盎然、欣欣向荣的乐趣。大自然的春、夏、秋、冬等季节：日出、朝霞、夕阳、黄昏、月光与星辰的各种景色，风、雨、霜、雪等气象，以及山水、丘陵、河湖等等，都可被利用来创造居住自然环境。应做到以城市的自然脉络为导向，充分利用自然室外空间，合理适度建设人造室外空间，这是居室外环境设计的基本原则。

（四）充分调动全部感官原则——对视觉中心主义的摒弃

由于长期以来人们艺术中心主义的倾向，对视觉提供信息的过度依赖，从而导致对其他感觉的忽视，形成了仅用视觉的原则来欣赏和评价的习惯。18世纪的英国园林学家用"如画性"来表述室外空间的美（图3-3），只强调视觉性的观赏方式。二十世纪六七十年代，在西方环境美学产生的过程中出现了一种"如画风景论"，就是以艺术的眼光来审视自然，将自然看作是一幅幅如画的风景。环境美学家瑟帕玛不赞成这种理论，认为其根本缺陷在于"自然不是被视为一个整体"，人们看到的风景就像一幅画那样有边框。这种"视觉中心主义"是受艺术哲学这一传统理论的束缚，表现出明显的"人类中心主义"倾向。生态审美不同于风景审美，表现在许多方面。（如表3-1）

图3-3 如画性设计

表 3-1　生态审美与如画风景审美的对比

如画风景审美	生态审美
与人有关的因素	
感知的、直接的	认知的，以知识为基础
只限于视觉	所有的感官都参与——视觉、听觉、嗅觉、触觉、味觉以及相关活动和探索
以人为中心"人类中心主义"	伦理的"生态人文主义"
消极，以对象为导向刺激性反映	积极、参与、体验性的
以既定模式来接受	对话模式
与室外环境有关的因素	
视觉，聚焦	多模态、发散
静止、无生命、固定不变	动态、有生命、有变化
形式因素，如画般的	有一系列因素的影响、立体的
有边界的、有框架的	无边界的、模糊的
整齐、整洁	多样的

对"视觉中心主义"的摒弃要达到的是基于生态美学上的美学质变。由于取消了长久以来形成的审美视觉定势，生态室外环境设计未必能给人们带来一种强烈的视觉冲击，但一定会带给人们立体的、全息的带有生命意蕴的审美愉悦。也只有对"视觉中心主义"的摒弃，才能够把人类的目光从"既定的""有范围的"室外环境中解救出来，从而走上人与自然融合为一的超越之路。因此，室外环境设计应用一些朴素的造型手段和自然的因素，融入的生态美学智慧，充分调动人的视觉、听觉、味觉、触觉、动觉等来感受大自然的生命力。使人漫步在其中，能感觉到磨光花岗岩和鹅卵石铺地的不同，安静时能听见树叶沙沙响，和小鸟的鸣叫，热闹时能听到喷泉的水声和孩子的欢笑，既能闻到树精的清香，也能嗅到青草与花朵的芳香，既能享受到微风吹过脸庞，又能享受到温暖的阳光洒在身上，从而使人的身体与精神获得一种生存美感体验。

二、生态人文主义原则

人类中心主义与生态中心主义是两种截然不同的文化哲学立场。两者虽然都承认自然对人的价值，并肯定人类作为价值主体的地位。但人类中心主义否定自然的"内在价值"认为自然只是人类改造的对象。而生态中心主义则认为自然有其"内在价值"，人类应当尊重自然，但自然是无意识的，不可能作为自身价值的承担者，这个价值主体只能由人来承担，这样不免又回到了人类中心主义的立场上来。尽管人类中心主义与生态中心主义的争论非常尖锐，但历史的发展的趋势却是走向两者的综合。于是近年来西方与整个国际范围内逐渐兴起生态人文主义。"生态人文主义"是人类中心主义与生态中心主义的综合和调和，是一种包含了"生态维度"的更彻底、更全面、更具有时代精神的新的"人文主义"精神。通常"人文主义"是"人类中心主义"的。在此前提下，人与自然生态处于对立状态，不可能将生态观、人文观与审美观三者统一起来。而"生态人文主义"得以成立的根据就是人天生具有一种对自然生态亲和热爱并由此获得美好生存的愿望。建立在这种人的生态审美本性基础上的生态人文主义是人的相对价值与自然的相对价值的统一，也能够将生态观、人文观与审美观加以统一。

自然生态体系与人文生态体系共生原则——对主题中心主义的摒弃

千百年来"主题"以各种方式出现在艺术中。在现代主义设计中"主题中心主义"表现为基于视觉理论及形式美原则的分析方法，排除了自然与他人的因素，对人的行为、心理因素，日益复杂的功能缺乏足够的认识，在美学表达上强调设计本身的"主题"与"立意"，反映的是人对自然发号施令的主宰性与主观性，是"人类中心主义"倾向的表现。随着后现代主义对现代主义美学思想不断的质疑，主导设计的美学思潮呈现出"反"主题"无"主题的倾向。在生态美学观念中，"主题"应当是环境美的起点或通向美的意义的桥梁，而不是美的终点；"主题"作为"在场者"，其存在的价值应当是引导人们通过想象力体会到"不在场者"的存在，从而体悟到万物是一体的，而不是在设计中片面夸大"主题"，以至于带有浓厚的个人审美情趣的"主题"完全遮蔽了观赏者的能动思考。设计师不应依据任何流行的"主题"或个人标签式的"理念"，而是应认真了解了该地段的自然生态体系与人文生态体系在地段上的分布规律，室外空间与教育、保健、零售、娱乐及休闲等空间应该统一规划、相对集中靠近。通过这种综合、多样化的功能空间的混合形成功能网络，进而形成一个较为完整的人文生态系统。这种空间格局本着超越"主题"的思想境界与对当地环境的深刻体悟，"自然而然"地进行设计。这是生态人文主义的原则指导下的设计原则，自然生态体系与人文生态体系共生的原则，既关注人的利益，又关注与人的利益密切相关的自然的利益的设计原则。

三、整体性与连续性原则

人与自然是相互联系的整体，在生态系统中，每一物种均与其他事物相互依赖和相互影响，它们在各自生态链条中发挥作用，这是"生态整体"的观念。从这一原理出发，在室外环境设计中，要求运用系统观念，将居民、建筑、室外空间、场地、邻近地区、城市加以联系，形成既有连续性又有个性的生态共同体。

（一）优化整体原则

室外空间是公共活动的空间，即动区和闹区，客观特征应满足人们公共活动的需要，所以表现为硬质室外空间较多。例如晨练空间、广场，这样人活动的噪音才不会影响到组团。小区级室外空间可以布置相对较安静的活动空间，例如散步、晒太阳、交往。而组团级室外空间则要尽量地安静，所以要尽量减少人活动的空间，这样就不会出现组团中，为了视觉效果盲目设置一些空间活动场所，产生大声谈话或放音乐等噪音，影响居民的休息。组团级的室外环境微气候还直接影响到室外环境，而绿地系统是调整室外环境的微气候的主要因素，所以在组团级的室外空间应多进行绿化。这样根据不同功能的划分，各级室外空间形成了具有各自不同特征的空间构成。

由于绿地系统是调整室外环境的微气候的主要因素，可以调节空气环境、热环境、声环境以及风环境，因此从室外空间构成上，也应从整体考虑绿地系统。不论是大块的公共绿地、廊道形式的行道绿带及景观绿轴，还是小块的宅旁绿地、墙体绿化（如图3-4）及屋顶绿化，都是经过设计的绿色空间不同层次的体现，它应成为一个完整的统一体。在绿地系统规划时，首先要保证绿地生态系统具有足够的绿量并尽量拓展绿化面，即通过由乔木、灌木、地被组成的合理的复层结构绿化增加的绿量。绿化指标体系由绿叶、叶面积指数、平均叶面积指数构成，它能科学地评估植被的生态效益。然后要保证绿地生态系统的健康性和连续性，尽可能地多应用乡土植物，选择乡土植物作为主要树种进行配置，并丰富绿地系统植物多样性，速生树种与慢生树种结合，常绿植物与落叶植物结合，开花植物与彩叶植物、绿叶植物结合等，达到四季有景可赏的效果。

道路系统也应根据不同空间和绿地系统的要求统一规划，组团级的道路除特殊情况外，如搬家车和消防车，应避免汽车通行，因为汽车的噪音和尾气的污染会直接影响室外环境。各级道路设置应方便人的出行，尽量直接避免绕远。道路的绿化应结合整个绿化系统形成统一的绿化网络，要考虑有足够的遮阳功能和阻挡汽车噪音、吸收尾气的功能。停车场应尽量安排在地下。

图 3-4　墙体绿化

总之，居住小区室外空间环境和绿地系统和道路系统应从整体性考虑其层次的划分，从而使室外环境从整体上达到最优化。

(二) 协调建筑原则

因为室外环境与内建筑具有连续性，因此居室外环境的设计应考虑与建筑协调。目前为了节约土地，建筑向高层发展，容积率的相对提高意味着建筑在居所占用的空间也相对增多。然而室外生态环境又要求绿化所占用的空间增大，因此只考虑建筑之间的日照间距是不够的，还应考虑树木对建筑的遮挡（图3-5）。树木种植位置应依据树木的品种所能生长的高度来确定。建筑在向高层发展的同时，还向地下发展。布满整个地下的大型的地下、半地下车库解决了停车问题，也因此出现了一些问题。例如：中心绿地就建在大型的半地下车库上，而在绿地与车库平台间仅有薄薄的一层土，一些大乔木栽于其上，这些大树的根没有足够的生长空间，所以很难成活，甚至还有被风吹倒的可能。因此，地下、半地下车库应尽量减少占地面积，可以向地下二层发展，留下自然的土地来种植大型的树木。另外，布置屋顶绿化必须充分考虑屋面的结构承载力和种植层的土壤厚度应能满足植物生长的需要，并采取排水及防止草木根系破坏楼板的措施。

图 3-5　树木遮挡阳光

四、适宜技术原则

生态审美思维并不刻意追求大型化和复杂化的技术，并对高技术的学说保持谨慎的态度。它提倡的是人性化的技术路线，倾向使用环保型技术和选择以地域社会的需求为立足点，与地域自然条件、文化传统及经济发展状态协调的适宜技术。在能源问题上，它提倡更有效地保护和利用不可再生能源，理智地使用再生能源作为过渡燃料，加快利用可再生能源的步伐。

"适宜技术"具有经济节约、易于普及的明显优势，在我国居室建设中具有较为现实的总义和合理性。居内生态技术应从主要的几个方面考虑：首先在尽可能的情况下要采用新能源和绿色能源，如太阳能、风能等。小区光环境节能建设应采用自然采光和节能灯具，宜采用绿色照明（如太阳能灯、反光指示牌等），以节省能源的消耗。其次是垃圾分类回收，综合利用。将生活垃圾进行分类回收，就近处理，最大限度地化废为宝，综合利用，尽可能消除垃圾对环境的污染。这一技术举措先期投资占住宅销量总额的比例不高，可综合效益极佳。如果这类装置能在国内批量生产，城市的生活垃圾极大部分可以在小区范围内就地消化。再次就是雨水收集（图 3-6），污水处理，就地回用。解决好水的循环利用，实现一定地域内水资源的良性循环，污水的就近处理、就地消化将是必然的趋势。中水净化也可采用生物法进行处理，目前主要的生物处理法有生物膜法和活性污泥法两大类。中水的回用包括部分中水回收和全生活污水回收两种方式，涉及不同的管道系统的设计。

图 3-6 收集雨水配水管

第三节 室外活动空间设计方法

一、室外活动空间设计的基本观点

基于生态学的理念与立场,室外活动空间设计所持有的基本观点,突出表现为以下三个方面:

(一)关注室外空间环境的动态发展

布朗芬·布伦纳在阐释人类发展生态学的观点时这样提到:人是在不断发展的,不是环境可以任意施加影响的一块白板,人是在动态的环境中不断成长并且重新构建其所在环境的实体。室外空间要关注自身发展,将人置身于动态发展的环境中,才能激发人的探索欲望,对人产生强有力的影响。生态学视野下的室外空间设计,强调空间的多变性,为人提供多变的材料以及不断更新的空间环境。

(二)关注室外空间各活动因子之间的联系性

布朗芬·布伦纳的人类发展生态学认为与人类发展过程相联系的环境不是指单一的、即时的情景,还包括了各种情景之间的相互关系,以及这些情景所根植于的更大的环境。生态学理论的系统观更是强调各要素之间的联系性,将生态学理论运用到室外空间设计时,室外空间的每个活动因子都要被考虑进来。因此我们在进行室外活动空间设计时,不仅要关注每个细化要素的设计方案,还应考虑到这些要素之间的联系,注重区域界线的设计,强调引导性和联系性,促进室外空间的整体性融合。

(三）注重人与空间的互动作用

空间是依附于人而存在的，是实体与实体之间的相互关联而产生的一种环境。室外活动空间是人与他所处的自然环境相互作用而产生的。布朗芬·布伦纳认为，室外活动空间对幼儿有其影响作用，并需要与幼儿相互适应，因此，幼儿与室外活动空间之间的作用过程是双向的，呈现一种互动的关系。在设计幼儿园室外活动空间时，单纯的儿童中心或者环境主导是违背生态学理论的，既要涉及人性化的空间环境，又要考虑到自然环境的生态发展。

二、室外活动空间设计的方法

室外空间的设计手法，分别从空间构成方式、空间布局特征、空间组合方式、边缘空间特征、空间风格特征等方面，整合出室外空间的生态设计方法。

（一）空间构成——领域化

可以这么说，要构筑有社会生态理念的室外空间，其基本的构成方式是领域化。社会生态理念主要强调人与人的共生关系，也兼注重其间的合作性竞争和适宜密度关系；这就要求其空间首先是具有交往性而又有相对独立性的空间。而要实现空间的交往性和相对独立性，须对其进行领域化构筑。

空间领域化体现在物质状态和精神体验两方面。空间领域化的物质状态即是：结合不同范围、类群的共生人群，确定空间属性（公共性、半公共性、半私密性或私密性）及其在整个空间领域序列中的位置，然后用空间尺度、封闭率、色彩等手法衍生出有特色的领域空间，例如，（表3-2）交往活动空间领域表。

表3-2　不同人群的交往空间领域表

	空间属性	在领域序列中的位置	侧界面封闭率(%)	H/D
静态活动空间	半私密性	半私密空间中、半公共空间边缘、公共空间边缘	75以上	1∶1左右
动态活动空间	半公共性	半私密空间中、半公共空间中、公共空间边缘	30~75	1∶1~1∶3
儿童活动空间	公共性	半私密空间入口处、半公共空间入口处、公共	30~75	h1-1∶3

注：D——界面之间的距离，H——界面高度

室外空间领域化的精神体验主要在于场所精神的体验。表3-3即是对通过住宅建筑室外的各种场地特征、空间特性、居民的行为习性的交互作用而产生的室外各种空间场所精神的汇总。

表3-3 建筑室外各种领域空间的场所精神解析

	尺度	活动形式	空间特性	设施与小品
利于接触与交往的空间领域	步行街、广场主要道路结合处	散步，逗留，浏览，公益活动，健身，舞蹈，"人看人"	线性空间，开放的，易达的，安全方便的	座椅、餐饮，书摊、杂货店，广告栏，小型公共建筑等
增强领域空间的"气氛感"（生机）	活动面积与活动人数的比值R： （1）R≥40m²/人，陌生感； （2）3m²≤R≤40m²/人（R为10m²/人最适），气氛活跃； （3）R<3m²/人时，产生拥挤感	儿童游戏，散步，老人下棋，聊天，看报，少年聚集，行人逗留	围合或半围合，有向心性	雕塑、矮墙、绿化、小品，栏杆、地坪高差，花廊，亭子等
私密性	（1）0~0.45m时，亲密距离 （2）0.45~1.30m时，亲近朋友或家庭成员交谈距离（个人距离）； （3）1.30~1.75m是朋友、熟人、同事交谈距离（社会距离）	交谈、聊天、谈情	封闭或半封闭，凹入式空间	障景元素：小乔木、假山、灌木丛、绿篱、土坡；隔声元素：土山、石壁、围墙、自然水体、人工水景

实例分析

（1）利于接触和交往的空间领域

皮特街购物中心大概是世界上商铺租金最贵的地方之一，这里夏季每天有6万人流。过去的老旧街道终于在时代前进步伐中引来了被改建。改建旨在悉尼的中心恢复城市设计、公共设施，提供超群绝伦的公共空间。其中，设计主要着力的一个要素就是街道家具。

图 3-7　皮特街购物中心步行道

街道家具是座椅与树木成组出现，均为该项目特别设计和定制。黑色花岗岩基座，喷砂青铜框架，和木材板面这些传统的材料组成了座椅群。树木引用了外来树种中国榆树，到了冬季，树叶落下，午后的阳光便可供路人尽情享用。

图 3-8　街道家具和树木

（2）增强领域空间的"气氛感"

二十世纪中期，位于里斯本西北部的 Benfica 地区都还被大量的农业用地占据。穿行而过的 Ribeira de Alcântara 水系，成为土壤肥沃的基本保障，溪流与泉涌构成了这里的地貌特征。其中坐落于场地中的 Fonte Nova（英文名称 New Fountain）是该地最著名的景点之一。里斯本市区最主要的 Estrada de Benfica 大道也在该场地中穿过。

该设计方案保留了场地中的树木植被，混凝土地面铺装搭配如孤岛般零星的休闲小品，营造了怡人的休闲环境，为不同活动空间而设的座席，成了景观环境里的群聚之处。游人在"孤岛"处聚集闲坐。闲散的"孤岛"座席形成了环境里的视觉景观。随着天色的变化，人们在不同荫蔽环境下的座席间移动。独自游玩的人们就座于树下阅读书籍、放松心情，而群聚的人们则闲适散漫、畅谈小憩，场地四处皆是怡人画面。

图 3-9　被保留的树木

图 3-10　"孤岛"座席

图 3-11 宠物游乐园

（3）私密性

作为无锡首个地铁上盖项目，设计之初，设计师摒弃传统更多的是着眼于场地本身和未来，希望将场地的特质，客群的倾向完整而极致地表现出来。在这里，设计师跳脱出了纯粹的场地推演设计方式，以"形而上"的视角重新审视这一场所。在设计中延续建筑山水意境，围绕建筑设计的戏台，在场地中心开辟出大面积的开敞湖面，作为场地的中心活动舞台，结合历史文脉形成独一无二的气质，充分激活地铁上盖"屋顶层"的空间，实现由古至今的时空对话。运用现代东方的建筑美学，树影婆娑的幕墙肌理，假山真水的景观布局，呈现专注匠心的细节品格。

该设计包含了休憩空间，布置石凳供游人休息，并以树木将场地分隔成小块，在视觉上起到了屏障的作用。同时，不远处的水景和数字水帘也起到了屏蔽声音的作用，充分满足了人们对于私密性的需求。

图 3-12 休憩场所

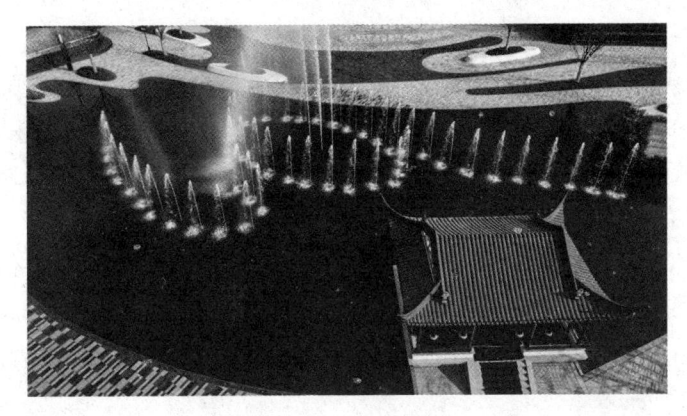

图 3-13　人工水景

（二）空间布局——网络化

空间布局网络化即是各个有利于社会活动的功能空间网络化布局。

社会生态理念中的共生关系强调更广泛的邻里交往，强调室外空间的认同性，这就需要构筑利于邻里广泛交往的多样化社会活动空间。

如前所述，在室外空间中，多样化社会活动空间按功能层次、按重轻依次分为：交往生态空间层次、道路生态空间层次、商业生态空间层次、绿化景观生态空间层次、人工生态空间层次等各种生态功能空间层次。各生态空间层次的空间形态可抽象简化为点状、线状空间连接而成空间网络层次。而在实际空间环境中，不是网络的各个环节都是生态的；而生态原理强调生态元素的连续性和优势性，因此我们至少应尽量保持各生态空间层次的网络化布局，以达到加强各生态空间层次生态强度的目的。因此，社会活动的功能空间网络化布局，是实现社会生态理念的室外空间整体布局的主要方式。

具体而言，我们可从以下方面加强室外生态空间网络化布局：

1. 加强生态网络空间的层次。

2. 强化各生态空间网络层次内的生态强度，如：

（1）生态空间按生态节奏分布于室外各级领域空间；

（2）生态空间形态多样化，可以点、线、面状空间结合成丰富的空间序列；

（3）空间服务对象多样化，如作为交往生态空间层次，可针对不同年龄、性别、价值观、地位、生活方式的人群作不同的空间类型设计；

（4）空间特性多样化，不仅要设老年人静态活动空间，还要设其动态活动空间。

3. 实例分析

Sweetwater 全功能住区是为满足成年自闭症患者特殊的日常生活需求而设计建

造的，是一个具有创新和开拓意义的住宅区模型。

这片位于 Sonoma 城的住宅区占地 1.1 公顷，包含四套 4 居室的居住单元：一座社区活动中心——包括厨艺教室、健身房、图书馆、艺术展示与音乐演出的空间；一座疗养游泳池和两间按摩室；走道、室外家具、休闲花园、娱乐草坪和各种植被；一处 0.5 公顷的有机蔬菜园和配备一间温室的果园。

住区的地理位置、可持续的景观设计和有机花园构成了居民、工作人员以及来到 Sweetwater 的探访者们生活、工作、学习、社交不可或缺的一部分。入口处配备信息板、邮箱、座椅和出入监控门，时刻迎接居民、工作人员和来访者的到来。

图 3-14 入口处

精心搭配的植被提供可常年享有的趣味性和阴凉，同时又很耐旱。

图 3-15 植被

定制的室外家具使用耐用、实惠、安全且可持续的材料。亲近式的座椅让居住者在自己舒适的范围内观察或者加入与他人的互动。

图 3-16　室外家具

图 3-17　室外座椅

吊床花园适合静谧的独处，也适合通过重复动作来进行自我抚慰。

图 3-18　吊床

社区建筑、广场、草坪和泳池为社区互动和各种活动提供场地。

图 3-19　广场和草坪

半私密的景观空间方便积极的个人或者活跃的小团体使用。

图 3-20　私密空间

该社区还有 0.5 公顷的有机蔬菜园和果园为居民、工作人员和他们的农产品销售站点供应产品。温室为居民、工作人员和志愿者亲手参与食物生产提供机会。

图 3-21　有机蔬菜园和果园　　　　图 3-22　温室

（三）空间组合——有序化

室外空间有序化组合，即是指室外各种功能空间之间：整体上按生态网络层次作横向或纵向的有序组合；具体按双重性的手法组合。

1. 各种功能空间组合是室外空间社会生态和现代社会发展的共同要求

一方面，室外社会生态理念要求有宜人的交往空间，这就需要设计一些有各种功能组合的复合性空间。另一方面，现代社会显著的两个变化趋势：生态化和信息化，将使工业时代严格分区的空间得以重新整合，如：生态技术处理后的工业区可以重新与居室等其他功能区相邻近，甚至插入一些高度信息化的家庭办公公寓；电子安全系统的成熟，使商业步行街和能以适宜形式加以结合。

因此，室外各种功能空间组合的复合性空间是社会生态的需求，也是社会发展的必然。

2. 各种功能空间之间有序组合

各种功能空间的组合会有助于加强活力，但如果仅仅是随意的、杂乱的组合，将会在许多细节上滋生出矛盾、冲突；社会生态理念强调的是室外各种功能空间之间的有序组合。

室外各种功能空间的有序组合包括以下情况：一是从整体上讲，室外各种功能空间的组合规律；另一是具体组合时的双重性手法特征。

（1）室外各种功能空间的整体组合规律包括：

① 在空间阔余的条件下，生态网络空间层次间横向按网络的空间序列组合。即以室外空间由内而外的次序为参考，则：交往活动空间网络按由强至弱的节奏、人行道路空间网络按由强至弱的节奏、车行道路空间网络按由弱至强的节奏、商业服务空间网络按由弱至强的节奏、绿化景观空间网络按由强至弱的节奏与其他功能层次的空间有序组合。

② 室外空间条件不充裕或需要集约高效地利用时，可用立体的手法对各生态网络空间层次之间进行纵向叠合。也即：

☆绿化景观以及适量的院落服务空间（如茶楼、酒吧等）留在地上。

☆公共空间，如会所、超市、文体、停车等可以转入地下或半地下。

☆各种社会活动空间穿插于地上的景观空间和地下服务空间的各个领域，与自然空间或人工空间巧妙结合。

（2）具体组合时的双重性手法是指空间构成时既有公共性的特点，又有私密性的特点。如可通过如下手法实现：

①空间的围合，一部分是封闭、私密的围合形式，一部分是开放、公共的围合形式。

②空间的界面，可通过质感、色彩从公共性向私密性的渐变来达到双重性特征。

3. 实例分析

Seehof 酒店位于 Natz-Schabs 村庄边的高地上，靠近意大利 Brixen。基地边有一片小小的名为 Flötscher Weiher 的天然湖泊。这间酒店由家族经营，于 2017 年进行了一次彻底的扩建和改造，增加了 16 间新的套房，一个新的泳池以及位于湖面上的健康休闲区。

室外空间的设计是酒店设计中重要的一环。建筑师通过可以连接不同空间的步行路径，创造了一个自然的联合体，居住小屋沿湖分布，人们可以在这里冥想沉思。建筑和环境的结合是项目最引人注目的地方。水疗区不透明的绿色屋面与周围的森林和果园无缝衔接，人们可以在上面一边享受日光浴，一边欣赏风景。步行小路将空间连接在一起，屋顶与景观相融合。休息座椅地面的铺设与草地等平，颜色搭配和谐，视野开放。

图 3-23 步行小路

图 3-24 座椅

酒店中新的水疗区包含泳池和桑拿房,其结构与地形紧密结合,面向湖泊的落地窗和不规则藤架给人留下了深刻的印象。游泳池,水面与湖面持平,带来一种无垠的感觉;室外泳池与室内浴池相连,打破了空间的界限。

图 3-25 水疗区与自然融为一体

图 3-26 游泳池与水面

图 3-27　水面

图 3-28　室内泳池

（四）边缘空间——柔性化

建筑学领域的"边缘空间"，也被称为"中介空间"，是指介于室内外之间的过渡空间。海德格尔曾说"边界不是某种东西的停止，而是某种新东西在此出现。"马丘比丘宪章强调城市空间的整体性，建筑与环境的融合性。"一层皮"式的界面割裂了城市空间的整体性，形成了许多的"失落空间"。所以各种界面的有机复合，形成复合界面，是现在比较倡导的一种方式。建筑的复合界面是建筑与城市的过渡空间。它具有界面与空间的共同特性。对于边缘空间的叫法，国内外学者各有不同，但是所表达的内涵和意义是基本相近的。

黑川纪章将边缘空间称为"灰空间"。灰是介于黑白之间的过渡色，属于中性色彩。在空间上的表述，它是介于室内外之间的过渡空间。使室内外之间没有了明确的界限，而成为一个有机的整体。G·凯普斯说："每一个现象——一个实体，一个有机形式，一种感觉，一种思想，我们的集体生活——它的形态和封闭性都应归纳于内外相反两力斗争的意向，一个物质形体是自身结构和外部环境之间斗争的产物。"美国建筑师约翰·波特曼提出了"共享空间"。以一个大型的建筑内部空间为核心，综合多种功能的空间。它是一个复杂的空间体的概念。突破传统的空间，将自然引入室内，创造一个和谐自然的环境。在横向和竖向空间上形成空间复合体。具有渗透性和交融性。建筑的边缘空间设计的好坏直接关系到整个城市大环境的整体性。所以对于它的研究是不容忽视的。

室外边缘空间柔性化，是指室外边缘空间的功能、形态等方面的界定模糊化。

社会生态形式是室外的各种社会性活动。而社会生活中，更大量的是必要性活动和自发性活动，社会性活动主要是在人们的必要性活动或自发性活动中连锁产生的。而室外边缘空间是人们的必要性活动频繁的场所，可通过空间的柔化处理，即将其空间功能、形态等方面的界定模糊化，来引发彼此间积极有效的交往，具体如下：

1. 将室外边缘空间的功能多义化，即在此空间中，同时考虑多种同质活动的可能性，以激发人们的各种活动，从而制造交流的机会。

2. 因为室外边缘空间的双重属性，其形态设计成咬合状的比较合适。

3. 通常需要考虑较大的面积和空间来满足其双重领域性空间的并存。

4. 实例分析。

Sardinera 住宅位于 El Portixol 和 Cala Blanca 之间一座小山的山顶上，四周景观条件得天独厚，不仅环绕着郁郁葱葱的植被，而且与附近的海峡紧紧相连，可面朝地中海，坐观碧波海景。

室外空间被设计成室内空间的延伸。通过束缚着建筑的线条，以相同的方式也束缚着植被、路面、水池和室外照明设施。花园分为几个具有不同特征的区域。其中的每个区域都是独立的，但同属地中海花园风格。在阳光充足的入口处，种植着一些橄榄树，其粗壮、扭曲的树干，体现着个性且优雅的气质。山坡区域重现了典型的海边台地的样貌。不同种有松树、橘树和草本植物，由石墙包围，并连接到花园和地下室。结果是在这所房子的每个室内房间或室外区域都可以看到大海。

该建筑由一组向不同方向展开的混凝土墙构成，通过压缩和扩大视野的方式，在室内呈现出不同的景象。垂直立面在悬臂的支撑下延伸向海面，构成了围绕大露台的悬挑阳台。由于结构体的支撑，这些悬臂并不依靠墙体，而是装配在墙体之间，从而增加了视觉张力，营造出矛盾的重量感和失重感。

图 3-29　山坡重塑了地中海台地面貌

图 3-30　入口处保留有橄榄树

图 3-31　室外泳池与地中海遥相呼应

图 3-32　大屋檐提供了遮蔽的室外空间 　　　　图 3-33　室外休息处可观海景

该建筑体前设有一条带围墙的过道,可以看到海景,为访客提供与地平线第一次接触的机会。休息室设在建筑的一层,和白色混凝土墙相连。两者间种有一些植被,将花园引入建筑,加强了室内外的联系。

图 3-34　入口处可观赏海景的过道

（五）空间风格——可识化

室外空间风格可识化,是指室外空间在艺术风格构成等方面,区别于其他室外空间的特色差异。

社会生态理念的共生关系在精神方面要求室外能有符合人们共同精神需求的、促使彼此认同的空间环境。结合以上实例，我们可得出满足这种社会生态需求的空间风格设计策略——可识化，即设计符合地方文化特色的空间以及符合人们心理共性的特色空间等。

1. 有地方文化特色的空间，包括：

（1）反映地方性的自然环境特征以及相应的居民生活方式、风俗习惯和历史文化特征的室外空间。

（2）反映本工程场地地形、地貌、位置、气候、环境特征的特色空间。

2. 符合人们心理共性的特色空间。

即根据人们的喜爱山水、江湖的共同心理，创造一些人工水乡、湖泊等特色空间，增加室外活动的吸引力。

3. 实例分析

位于杭州城郊的西溪国家湿地公园，兼有人工景观与自然风貌。一千多年来，人类活动塑造了此地独特的景观风貌。景观、建筑和水系之间无所不在的联系成就了西溪湿地的特色空间氛围，这种氛围也充分融入到了设计开发上。

建筑被水系花园环绕，与湿地的地貌特征息息相关。建筑宛若镶嵌于水系花园中的黑色石块，与绿意盎然的周边环境形成鲜明的对比。和西溪湿地周边的村庄一样，项目建筑立于水中的石基之上。石基形成了村庄群落的基础，墙体、围栏和高低错落的平台打造了一系列室外空间，好似进入室内空间的序幕与前奏。随处可见的绿色植被和人造水体与杭州山水城市的定位相吻合，反映了当地的气候和环境。

图 3-35　水系花园中的深色石头体量　　图 3-36　水系花园与建筑

图 3-37 主路　　　　　　　　　　　　图 3-38 广场

第四节　室外活动空间设计内容

一、建立在感知基础上的室外活动空间设计

（一）视觉要素

在室外空间设计中的角色分析视觉是人体重要的感知器官，信息获取量高达87%，是室外空间设计中最先考虑的因素。古代园林造景的手法有很多，比如：借景、框景、隔景等等，这些跟中国的书画一样，有法而无定式，是动观与静观的结合，以动制静，或是以静辅动，角度不同，构思也不同，有种"虽由人作，宛自天开"的意境蕴藏其中。现代室外空间则更看重设计元素的外形、颜色、质感、动势等，首先得到考虑的就是视觉感知。不同的角度、视距都会影响视觉感知的表现，还有色彩、光线等外界辅助因素，都会直接影响视觉感知的结果。视觉感知产生的是一种直观的感受体验，清晰明了，易于接受。

1. 光照环境的舒适性

晒太阳有益身体健康，温暖的阳光也能给人带来精神上的愉悦感。室外活动空间的日照时长是影响室外空间舒适度的其中一个因素。夏日，适当的阴影可以降低温度，保证人们正常的室外活动时长，所以人们在夏日喜欢去树荫下停留歇息（如图 3-39）。

图 3-39　树荫下的人

　　而冬日，人们则需要充裕的日照，驱赶冬日的严寒，保障正常的室外活动。光可以影响一切因视觉感知得到的事物的外表、外形，还可以遮挡事物的外形。有光就有影，有时阴影也可以来帮助我们去感知事物的属性。事物在光影的共同作用下三维立体的空间感得到强化。街心花园、社区活动场地，都是被层层的高大的建筑物包围，楼间距相对较小，外部空间是为了满足建筑物之间的日照而存在的，却将室外活动空间置于大片的阴影处，缺少阳光的照射。因此，我们要在设计中充分引入和利用自然光，减少楼阴影的不利因素，满足适宜的光照环境。根据日照条件合理布局各个活动空间，将室外空间感知最大化。人们活动的广场、健身区要设在日照好的地方，冬日需要日光充足，夏日需要绿荫浓浓；相反，停车场、配电室等设置在背阴处，合理划分区域。白天需要有充足的日照时长，夜晚则需要在满足基本照明的前提下，让人工照明能够营造出舒适、静雅的氛围。灯光的布置要根据室外空间空间的属性而定，室外空间中心可以使多种颜色的、亮度相对强烈的灯光，可以使整个空间充满生机。而相对那些私密性比较强的空间来说，灯光就需要相对柔和、淡雅一些，增加空间的亲切感。

　　2. 室外空间颜色的合理化

　　色彩是整个室外空间设计中最能吸引人眼球的设计元素，也是最容易给人留下深刻印象的。设计中可以按照原本色彩和修饰色彩来划分。原本色彩就是物体的固有颜色，符合自然因素，与环境融合融洽，因此在设计中会尽量按照原本色彩来配置，最大化地发挥室外活动空间感知性及其设计研究自身的自然美。修饰色彩是人工加以装饰的，主要表现在地面的铺装、配套设施和建筑小品。儿童喜欢鲜艳、明快的颜色；老人喜欢素净、淡雅的颜色；人高兴的时候看到的都是红色、黄色等喜庆的颜色；悲伤的时候满眼都是灰色、等暗淡的颜色。不同的颜色会直接影响人的心理感受，人的情绪的变化也会影响看到的颜色。设计时可以利用这点，考虑室外空间的使用属性和受众人群，选择适合的颜色来表现，同时也要与周边的室外空间环境相互融合。颜色的变化不仅受光线的影响，也会随时间的变化产生变化。在室外空间设计中，我们可以根据时间因素的特征来搭配色彩，清晨、中午、夕阳和夜晚都有其不同的色彩特征。每个季节都有其专属的颜色，也可以根据春、夏、秋、冬的季节特性进行颜色配置。植物在不同的季节中会呈现出不同的样貌，春季新芽初露，夏季枝繁叶茂，秋季落叶飞舞，冬季枝干苍劲。考虑到绿色植物自身的季节属性，在春季一般会选择种植可以供人观赏的花卉植物为主，展现一个色彩斑斓的大自然，体现春的生机；夏季繁花退去，以植物的叶子为主要观赏对象，郁郁葱葱的绿色为酷暑送来一丝凉意；秋季是一个收获的季节，观赏的多为植物的果实，诱人的颜色，秀色可餐的外形，有种"望梅止渴"的感觉；冬季树叶凋落之后，裸露的枝干，苍劲有力。颜色的单一会使人产生困倦之意，使室外空间缺乏美感。丰富多彩的、符合形式美的法则的颜色搭配，刺激人的视觉感知，吸引人的注意力，带来美的视觉享受。正所谓"万绿丛中一点红"，要的就是这个出人意料的效果。正是看中颜色的这个特性才会创造出那么多的视觉盛宴。搭配颜色的时候也同样考虑地理因素和人文因素，苏杭地区属于热带，天气以晴暖为主，需要用简洁淡雅的冷色调来调和人的视觉感知；川蜀一代，气候潮湿、阴郁，可以选用一些大胆明快的暖色调颜色来中和，改变人的心境。合理搭配颜色色调，会给人带来视觉的享受和精神上的愉悦，大大提高室外空间的可感知性。

3. 视觉空间的多样化

人都有极强的好奇心理，对于一览无遗的室外空间，通常逗留的时间都不长，相反对于那些层层遮挡的室外空间，会引发人的探究心理，延长逗留的时间。多样化的室外空间指的就是人在观赏室外空间时视线产生的多种变化，在同一个室外空间中，可能会同时存在多个视觉焦点，充分享受室外空间带来的视觉享受，使室外空间更具体验性。打造多样化的视觉空间，可以通过改变铺地的材质、颜色来划分区域，扩大人的心理空间。利用花坛、树池、雕塑小品等丰富室外空间内的视觉元素，增加室外空间的可欣赏性。也可利用花架、廊架等，创造多个视觉集中点，丰富观赏层次。还可以利用鲜艳的植物、景墙来制造不同的视觉焦点，丰富室外空间的内容，实现视觉空间的多样化。此外，我国古代造园中就有多种取景的方式，如借景、框景、对景等，可以引导人的观赏视线，使室外空间之间相互映衬。也可利用道路的曲直、方向、坡度来丰富室外空间的竖向视觉空间，使观赏视线不断地发生变化，丰富人的室外空间感受。在室外空间中人工造雾也是一种使室外空间多样化的表达手段，利用水蒸气等人工造雾的手段模仿大自然云雾缭绕的景象，雾随风而动，若隐若现，增加室外空间的层次感和神秘性。

（二）听觉要素在室外空间设计中的角色分析

1.听觉的定义

"声波作用于听觉器官，使其感受细胞处于兴奋并引起听神经的冲动以至于传入信息，经各级听觉中枢分析后引起的震生感。"听觉感知是仅次于视觉感知的重要感知器官。听觉感知的重要性一点也不比视觉感知差，同样也是人类感知外界的重要途径之一。因此，要想全面地、充分地感受室外空间，就要注重感受室外空间中的声音，同样的，想要创建一个人性化、舒适度较高的室外空间环境，就要好好思考如何营造室外空间中的声音元素。光重视听觉感知是不够的，要与视觉、触觉、嗅觉等感官感受之间相互交叉融合，有机地结合在一起，这样才能全面地参与到室外空间中去，与室外空间之间互动产生共鸣。

2.声音的分类

室外空间中的声音从来源上可以分为两种，一种是自然的声音。风吹树叶产生的沙沙声，清脆悦耳的鸟鸣声，都给我们带来真实的听觉体验。早在古代，设计师们就懂得利用声音来营造意境，"雨打芭蕉"就是强调了声景的作用（图3-40），意义已经远超视觉给予人们的感官感受。

图 3-40　雨打芭蕉

另一种是人工的声音。是人类的生产活动产生的声音或是通过艺术创作加工处理过的声音。室外活动空间感知性及其设计研究这种声音会与室外空间的场所相匹配协调，衬托空间意境，影响人们的行为方式。例如城市广场中的背景音乐，可以舒缓人的心情，陶冶人的情操，使人流连忘返。室外活动空间中，水声、风声、动物的声音以及钟声、背景音乐等，都是表现听觉室外空间的主要表达方式。不同的水景会营造出不同的听觉感受，所创造的环境氛围也不同。创造气势磅礴的大空间时多选用大尺度的瀑布；营造亲和力较强的气氛则多选用山涧的溪水；打造私密幽静的环境时则用泉水之类的小尺度水景。我国古代的山水画中常用深邃的幽谷、苍劲的古松来描画"万壑松风"这个题材。位于承德的避暑山庄就是最好的见证，整个山庄的室外空间已经就是根据"万壑松风"的意思来营造的。山庄的山坡遍地种植松树，微风吹过，松海发出飒飒的声音，空间的人文气息瞬间得到升华。杭州的著名景点"柳浪闻莺"，就是结合植物与动物的声音来搭建听觉室外空间的环境，活跃了室外空间的气氛（图3-41）。西湖十景中的"南屏晚钟""渔歌唱晚"和现代的音乐喷泉、音乐广场一样，设置播放一些舒缓动听的音乐，可以使人们暂时忘却生活的艰辛、城市的喧嚣，身体和精神都得到极大的放松。

图 3-41 柳浪闻莺

3. 室外空间的听觉元素感知

室外空间中的听觉大多数是作为一种背景、一种衬托出现的，在整个室外空间设计中有着不可替代的地位，声音的响度、音色和声音的可预见性都对听觉室外空间的创建有决定性的作用。正所谓"蝉噪林逾静，鸟鸣山更幽"，听觉室外空间的创建可以吸引人的注意力，增加室外空间的体验性。合理的植物配备对听觉室外空间的创建有着重要的作用，不同的植物在自然风的吹拂下，叶子与叶子、枝条与枝条、叶子与枝条之间都会发出不同的但是令人陶醉的声音。室外空间中水景的建造也是一种变相的听觉室外空间的建造，柔和的、淡雅优美的溪水声、雨滴声会让人不自觉地沉浸其中，浮想联翩；瀑布、海浪等大型的水景会给人一种精神上的震撼之美。古代诗人孟浩然的诗句"春眠不觉晓，处处闻啼鸟"中描画的景象，就是一种利用动物的声音来创建听觉室外空间的独特的表达方式。无论是室外空间中哪一种声音都是在向观赏者诉说室外空间的内涵深意。

4. 听觉感知影响人的心理感受

根据声音舒缓、高亢、忧郁等不同的特点，会使人产生不同的心理感受，听众的不同也会影响声音的功效，同一种声音进入健康人的耳朵里，可能会丰富其心灵感受，进入特殊人群的心里，可能有修复心灵的功效。愉快动感的音乐能使我们身心放松；生活噪音会使我们烦躁不安；大自然的声音能抚慰我们的心灵，这些充斥在我们周围的不同声音每天都在影响着形形色色的人们。在美国，音乐疗法已被广泛使用。人在听音乐的同时脑部会分泌一种物质，使人心情愉悦。现代的都市生活纷繁嘈杂，人们内心渴望一丝恬静。将人行路口的等待声音变成大自然的声音，不再是生硬的警告之声，在细微处体现室外空间设计的人性化。这样既能满足视觉残障人士的声音导向需求，也为生活在都市中的人们缓解了压力。

5. 听觉感知产生的场所认同感

声音可以强化室外空间的可参与性，还能唤起对特殊空间的记忆和想象。换言之场所中的特有的声音就是这个场所的代表，可以通过声音鉴别场所的属性。根据有关研究表明，刺激儿童的听觉可以达到锻炼儿童的沟通能力、语言表达能力的目的，可以加强儿童与外界的联系，培养孩子的适应能力。Pindstrup Centrer 是位于丹麦的一个教育中心，学校的宗旨是让残障儿童与正常健康的儿童进行交流、互相关爱了解。在其室外活动空间的设计上，利用听觉感知的场所认同感，根据活动空间的功能选择不同的植物分区分片进行栽种。植物因其不同的树种、形状会发出不同的声音，利用不同植物发出的声音划分区域，将人的视觉感知重心转移到听觉感知上。对于那些视觉残障但是听力较发达的儿童来说，是很好的向导，有自我定位的功效，产生场所认同感，这样有助于残障儿童恢复自信，达到疗养康复的作用，同时还可以提高儿童对世界的认知能力。

6. 听觉感知引导人的环境行为心理

声音也有喜怒哀乐，声音的这种"情绪"是可以传染的，会直接影响听众的心理与情绪。设计时我们可以根据听觉感知对人的种种影响来创建听觉室外空间,通过改变人的心理情感,来引导人们的行为表现,让听觉室外空间更富有实际的应用意义。室外活动空间感知性及其设计研究听觉室外空间最好的呈现就是北京天坛的"回音壁"(图3-42)。回音壁的建造形式、构成都没有特别吸引人的地方,但就是特别注重表现了声音的特性,利用声音的反射规律来建造听觉室外空间,给人带来意想不到的效果。

图3-42 回音壁

回音壁的墙面是由石头砌成的,圆弧形的墙面光滑平整,要由两个人分别站在东、西殿的后面,其中一个人靠墙壁说话,声波就会沿着墙面传递,传到另一个人的耳中,无论这个人说了多少话,声音有多大,站在另一端的人都能清楚地听到,声音温婉悠长。视觉感知、听觉感知、嗅觉感知等都可以与被感知物体保持一定的距离,但是触觉感知则不是,触觉感知是与被感知的物体零距离接触才可以发生的。触碰一个物体,我们能感觉到它的温度,抚摸之后我们能知晓质感选材,捏一捏能感受软硬,掂一掂能了解重量。在设计室外活动空间时,建筑小品、构筑物材质的选择,铺地的质感还有环境的温度、湿度、风速等,都会直接影响室外空间的综合品质,所以要关注并重视触觉感知。

（三）触觉要素在室外空间设计中的角色分析

1. 室外空间的触觉元素感知

在室外空间中我们通过触觉感知获得真实的感受,通过肌肤、手、脚的直接接触参与室外空间活动,刺骨的寒风、冰凉的溪水、凹凸的路面,都是通过触觉感知获得的真实的亲身感受,能更好地理解室外空间的含义与精神。设计师们开始关注室外空间中的触觉感知是因为盲道在室外空间中的正式应用,室外活动空间的无障碍设计开始正式规范化模式化。不同的人群对触觉感知的需求不一样,处于成长时期的儿童,有强烈的好奇心和探知欲,需要通过触摸去了解世界、感知世界,所以儿童活动空间对触觉感知的要求比较高,需要一个触感丰富且安全性比较高的活动空间。老年人和身体有缺陷的人,触觉感知或是退化或是丧失,需要通过外界的刺激来激发他们触觉感知的敏感度,比如,铺设凹凸不平的地砖(图3-43),不仅可以美化地面,还可以通过触感的变化来引导路的方向,提高他们感知空间的能力,丰富室外空间感知性。

图3-43 石子小路

2. 触觉室外空间分类

(1)软质室外空间是指一些具有自然形态的室外空间,他们的形状大多比较自然、随意、可塑性很强。比如绿色的植物,流动的水体等。软质室外空间相对于硬质室外空间来说更具有亲切性,使人容易接近,会有比较亲密的接触。因此在室外空间设计时我们要多多打造软质室外空间,使室外空间更具有亲和力。

(2)硬质室外空间是指一些经人工建造的室外空间,想模仿大自然的味道,但是有明显的工业时代痕迹,比如地面的铺装、建筑小品和室外空间构筑物等。选材上多用混凝土、砖石、金属等。硬质室外空间的设计意在对整个空间设计进行二次的划分和整合,使之与周边的环境相融合相协调。在设计时,应该对周围的自然情况进行充分的调查研究,注重设计的实用性、整体性和艺术性。

3. 触觉感知

触觉感知是人体验室外空间时获得事物信息的主要感知方式之一。触觉感知带有一定的记忆性,会根据以往的经验教训区分保留。一个成年人会通过步行、站、立、坐、卧等多种方式感知事物,儿童则是用最直接的方法,就是用手去直接触摸被感知物,亲身体验事物的属性。触觉感知是与被感知物直接发生关系,感知的范围相对有限，不像视觉感知和听觉感知那样，可以感知的范围很大。触觉感知会直接使人产生生理反应，所以在设计时可以在休憩场所中多设置一些可以供人们休息嬉戏的草坪。室外空间中，我们铺地所选用的材料，休闲小品的选材，绿植的选取，都会给参与感知室外空间的人们的心理带来影响。不同的质感，如土路、石板路、草坪，都会给人的心理带来不同的感受。

二、建立在室外空间类型基础上的室外活动空间设计

室外活动空间包括街道、广场、公园、园林、纪念性建筑空间等，下面将从这几方面来对室外活动空间设计内容进行阐述。

（一）街道

街道主要具有交通性和生活性两个功能，因此街道空间环境的设计要点，一是要把握好空间尺度，包括空间尺度与街道性质，空间视觉的调整（超高建筑放在后排，沿街部位用低层或者多层建筑过渡）。二是景观环境，包括建筑高度错落有致、建筑风格协调统一、街道愉悦的环境。

步行街的形式

（1）全封闭式：只允许行人进入，禁止任何机动车通行，比如俄罗斯莫斯科阿尔巴特大街（图3-44）。

图 3-44 俄罗斯莫斯科阿尔巴特大街

（2）运转式：1公里以上的商业步行街允许特定的公交车辆行驶，比如上海南京路步行街（图3-45）。

图 3-45　上海南京路步行街

（3）半封闭式：在步行街上画出供机动车行驶的路线，可以和步行道在一个平面上，但用两种材料铺设，以便区分区域，车行道不宜太宽，一辆大车通过即可。比如，上海梅川路欧亚休闲商业步行街（图 3-46）。

图 3-46　上海梅川路欧亚休闲商业步行街

室外的商业步行街主要是在步行街的相交点上和上下楼层处，将空间扩大，并处理成贯通的上下内庭、花坛、喷泉等小品，形成供人们休息和观赏的场所。

（二）广场

广场一般分为市政广场、宗教广场、交通广场、商业广场、纪念广场、休息及娱乐广场；按尺度来说，广场一般分为特大尺度的广场和小尺度的广场；广场使用的材料以硬质材料为主。

1.广场空间的围合形式

（1）四角敞开的广场空间，比如，意大利佛罗伦萨市政府广场（图3-47）。

图3-47 意大利佛罗伦萨市政府广场

（2）四角封闭的广场空间，比如，安农齐阿广场（图3-48）。

图3-48 安农齐阿广场

（3）三角封闭，一面敞开的，比如，意大利罗马的卡比多广场（图3-49）。

图 3-49　卡比多广场

2. 广场设计的意义和原则

（1）广场设计的意义

广场不仅是城市中不可或缺的有机组成部分，也是一个城市、一个区域具有标志性的主要公共空间的载体。

（2）广场设计的原则

a. 以人为本

人们对广场通常有四种需求，即生理需求、安全需求、交往需求、实现自我价值的需求。广场的设计要考虑到自然要素和人文要素。

b. 城市空间体系分布系统的原则

c. 继承与创新的原则

d. 突出广场个性特色的原则

e. 公众参与社会原则

（3）广场空间环境设计要素

a. 绿化

b. 色彩

c. 水体

d. 地面铺装

e. 建筑小品

（三）规整式园林和风景式园林的特点格式

规整式园林讲究规矩严整，对称整齐，具有明确的轴线和几何对位关系，着重显示人工美，表现出一种秩序的自然、理性的自然，如中国园林（图3-50）。风景式园林规划完全自由不拘一格，着重显示自然的天成之美，如法国古典园林（图3-51）。

图 3-50　中国园林

图 3-51　法国古典园林

中国古典园林的建筑类型有亭、榭、舫、轩、楼、廊。设计手法有对景、障景、借景、框景、夹景、漏景。

园林中庭院设计的方法与要素

园林中庭院设计的方法有两种，一是空间的限定，即点、线、面、体；二是硬质景观和软质景观。园林中庭院设计的要素有三种：一是绿化，即观赏，分割空间，引导人流，美化装饰。二是水体，包括静态的和动态的，水景基本形式有池水、流水、落水、喷水。三是铺地，铺地可以区分功能、空间，也可以美化空间，或者当做标志。

（四）纪念性建筑空间

纪念性空间是历史和文化的载体，通过建筑、纪念碑、柱、门等元素来进行空间的限定和形象的塑造，具有跨时代的特性，往往通过象征的手法来表现主题。

1. 环境设计

首先纪念这个主题展开，要满足人们进行纪念活动的需求，不同的主题思想，环境设计自然也有所不同。

环境的选择，需要考虑环境与周围的建筑群体，道路交叉以及城市规划的关系。

山岗、丘陵地带，并带有一定的平坦地面和水面环境常被认为是纪念性建筑环境的理想用地。

2. 空间视觉设计

纪念性的空间主要通过视觉形象来表现纪念性这一主题。因此在进行总体环境设计时应考虑在纪念性空间领域内的视觉活动，纪念建筑的主体部分是主要视点，入口为重要的视点，都必须拥有足够的空间来引导人们的视线。

在视线的转折或者终点应当布置些建筑小品、绿化雕塑等作为过渡或者收尾。塔类的主要观赏点应控制在27度左右，纪念性建筑空间的视觉范围应该是有限定的。

3. 绿化设计

绿化设计要求综合运用空间围合的方法及造型手段，创造出肃静庄重的环境气氛，可以通过适当的绿化来代替围墙，建筑小品等起到组织空间的作用，但相对而言其方向性较差；同时，成排种树会使空间产生压缩感将视线收敛，方向性强。

（五）室外照明的原则和主要方法

室外照明的原则有：做好室外环境照明的总体规划；要了解被照明对象的特征、功能、风格、社会背景等特别是要理解建筑或者园林设计师的创意或者设计意图，仔细了解工程对夜景照明的要求；被照明的对象的亮度和颜色与周围环境既要有差别又要和谐；使用色光要慎重；见光不见灯，灯具尽量避开人们的视线，条件不允许的话应仔细设计支架或者立柱外形，色彩要与被照明的物体协调一致；选择合理的照明标准，减少能耗；照明器材安全可靠，便于维修；防止夜间景观的照明对人的干扰。

室外照明的主要方法有：室外环境的照明方法很多，有泛光照明、轮廓照明、内透光照明、霓虹灯照明和灯箱照明等。近年来，人们逐步把多种照明方式有机地结合起来进行夜间的照明，并逐步形成了一种突出重点，兼顾一般的多元立体照明。其实室外照明并无固定的模式，最重要的是分析被照明对象的功能。

第四章 生态环境与室外活动空间设计的信息交换

第一节 生态优化与交互适应

一、生态优化

根据生态学原理，生态系统具有一定的自动调节恢复稳定状态的能力，但是生态系统的自调节能力是有一定的限度的，如果超过了这个限度，那么系统就不可能恢复到平衡状态，就会导致系统走向破坏和解体。作为人类改造自然活动的一个重要组成部分的建筑系统，依存于一定地域范围的自然环境之中，是生态系统中连续的能量与物质流动的一个环节和阶段，这种改造活动，只要不超出一定的量和度，一般不会对自然界造成无法弥补的损害，如果把握得好，还有可能促进自然环境的合理发展。因此，减少建筑对环境的损害，并不意味着停止人类的建设活动，而是要自觉地调控这种改造行为的量和度，使之不超过生态系统自我调节的阈限，同时使环境、建筑达到生态的最优化。

（一）建筑的生态优化

建筑的生态思维观要求在处理建筑与环境各要素时应把它们放在整体中考虑，目标是实现系统整体的最优化，而非要素的最优化。因此在进行建筑创作时，要整体考虑自然与社会环境、功能与形式、能源与材料、设计与评估、建造与管理对建筑形态的影响，同时还要考虑实施后这些因素的反作用。即把建筑视为一个动态系统，其内部多种因子互动，与外部要素广泛关联。

建筑的生态优化策略设计目的是实现绿色建筑的功能，针对建筑的地域、气候、环境及使用功能，考虑投资及经济性，进行设计方法的选择及各项技术的集成，是常规建筑设计的前奏。

1.建筑的生态优化策略设计

建筑的生态优化策略设计是从建筑师的角度帮助建筑师开始思考，并着手建筑生态的设计,实现建筑的优化功能,其设计方法与建筑师目前习惯的方法有差异。建筑的生态优化策略设计主要是主动式设计与被动式设计。

建筑的主动式设计即通过各种高效集成的技术手段,实现建筑的功能。被动式是在适应和利用自然环境的同时对其潜能通过设计灵活应用,即根据符合地域气候的建筑物本身的设计,来控制能量、光、空气等流动,在减少地球环境负荷的同时,考虑获得舒适的室内环境的设计方法,并用机械设施,即技术手段补充不足部分。被动式设计能够提高建筑物的安全性、健康性,也能获得综合考虑地区、风土的设计构思。

建筑的生态优化策略设计就是在开始具体建筑设计之前,基于建筑外环境,针对建筑生态不同的子系统,分别考虑设计方法和技术手段,再从系统角度集成,通盘考虑哪些是建筑生态可用的设计方法,哪些是可以集成的技术手段及其经济性、可实施性、可操作性如何。

建筑的子系统包括建筑生态必须具备的能源、水环境、气环境、声环境、光环境、热环境、植物系统、绿色建筑材料系统等要素。在这些要素中,能源特别是绿色能源是首当其冲的。

2. 建筑能源的生态优化策略设计

建筑的能源系统是建筑的核心,也是建筑生态策略设计的重要部分,从城市到建筑生态单体再到建筑生态室内,体现在建筑生态的规划阶段、单体建筑设计阶段。建筑之外的城市能源系统对城市节能来说极为重要,能源规划是对能源资源、生产消费历史、现状调研以及分析研究的基础上,根据国民经济和社会发展目标需求以及资源和环境的制约情况,制定能源发展(包括节能)的长远规划(至少 4~5 年或 10~20 年)。能源规划可以形成良好的建筑能源外环境。

(1)充分利用自然采光

主要指使建筑充分利用阳光照明,通过中庭、玻璃幕墙、通窗等手段使室内光线充足,改善建筑采光质量以及在建筑物中设置日光反射器、反射板等装置,利用相应的技术手段,结合智能控制实现对日光的引入。这项技术对控制和改善室内光环境,减少因人工照明所导致的能耗有积极作用,在设计中被广泛应用。

(2)智能化遮阳系统

主要是指建筑设计利用智能控制技术使建筑的遮阳系统对阳光的变化采取措施,做到互动平衡,以达到室内光环境照度均匀或塑造特殊光线效果的目的,目前发达国家采用较多。

(3)改善隔热保温性能

改革墙体和屋面,加强住宅建筑的保温隔热性能。无论是采用被动式还是主动式环境策略，建筑物的隔热保温性能都是很重要的系统控制指标。如对热桥采取特殊措施，房间的保温百叶和双层隔热玻璃系统是实现这一设计目标广为采用的技术。

（4）充分的自然通风

有无充分利用气候条件使用建筑物自然通风或利用建筑智能控制技术改善建筑通风状况，维护建筑内空气流通，是智能生态建筑与一般性建筑项目的明显区别。自动风挡在智能控制下对建筑空气流通实施有组织调整是实现此目标的常用技术。

（5）采取降温隔热措施

有效降温隔热多与当地气候特点（如热带地区）密切结合考虑并引入建筑设计领域。利用智能控制的窗帘、水幕、挑檐板等构件有效控制阳光辐射对室内温、湿度的影响，以低消耗甚至零能耗创造恒温恒湿的宜人室内温、湿度。

（6）隔离噪声的干扰

建筑物的声环境是重要的环境指标之一，当前该领域的研究多与噪声的相关研究结合在一起。有效的隔离或控制噪声的技术措施包括设置可控吸声挡板、吸声墙等。

（7）太阳能发电材料的应用

利用光电技术生产的光电电池板作为外墙和屋顶材料已经开始应用于满足建筑物自身能源策略的设计实例中，但技术要求较高且造价相对昂贵，目前还处于局部试用阶段。

（8）利用压力、温差的作用

自然条件下或设计中通过智能控制实现的原因、温差作用，是进行热量传递，保持环境卫生的重要资源。合理、有效地利用这些资源对建筑物内部微环境进行控制和改善是智能生态建筑的重要能源策略和设计方法。

3. 建筑植物系统的生态优化策略设计

植物与建筑等生态要素组成的建筑生态系统是城市生态系统的重要组成部分。良好的建筑生态建造成本和运行成本低、综合效益高，均对环境有影响，因此，它需要在生态规划的指导下进行规划设计，依照建筑生态系统与整个城市的生态安全框架的关系和生态功能分区的要求，充分发挥生态服务功能，同时注重发挥植物系统的景观及其他服务功能。

建筑植物生态系统设计要充分尊重植物学、生态学和景观学的基本原则，包括以下几个方面。

（1）系统原则

依据生态系统学基本理论，要考虑建筑生态系统与整个城市生态系统的关系，注重植物系统在建筑生态系统各个层面功能的发挥。在建筑场地的组织与设计、外围护结构方面、室内环境中，注重植物系统与建筑生态的和谐与统一，注重系统的整体性与连续性原则，把建筑生态系统看作是整个城市生态系统的重要组成。强调系统的经济原则，降低从外界环境的能量输入和物质投入；通过内部有限土地等资源的合理使用以及植物系统的优化配置，强调生态系统的循环与再生；通过植物群落的合理配置，为动物栖息、觅食与迁徙提供良好空间结构，并在此基础上构建稳定高效的生态系统，发挥植物系统最大的服务功能，实现系统的高效使用。对建筑生态系统进行系统评估时，应注重系统的总量控制指标即建筑生态绿容率指标。

（2）适地适树的原则

植物具有不同的生态习性，使得几乎建筑生态系统的种类生境都有不同的植物生长。建筑生态具有不同的功能分区需求，植物系统具有综合功能也具有独特的功能，要求不同的功能分区，配置适宜的植物系统，发挥植物系统的最大功能。

（3）主导因子原则与主要功能和综合功能相结合的原则

不同的植物具有不同的功能，建筑生态系统内部各个要素、各个环节对植物功能的需求是综合的。比如清新空气、适宜的温度、优美的景观，但由于所处环境的主导因子不同，比如在医院周围和有一定污染的工厂附近，对植物系统的主要功能也就不尽相同。因此，在进行建筑生态植物系统设计时，要根据由主导因子决定的各个功能分区的要求，选择适宜的植物设计合理的植物系统，充分实现植物系统的最佳功能，它是对适地适树具体原则的有益的补充。此外，还要注意主导因子也不是一成不变的。

4.建筑水环境系统的生态优化策略设计

（1）水环境与建筑规划

A.建筑性质与规划

建筑区域的建筑功能、设计人口数量或设计生产性质与规模直接影响供水需求量和污水的排放量，以及相应的供水与排水管线、构筑物等的规模。如考虑建筑污水再生为杂用水，则污水的再生处理构筑物及设备装置规模由设计再生水量决定。

B.建筑用地规划

小区建筑规划需要考虑自来水、污水与雨水，还可能包括直饮水、市政再生水、地下水或地表水等的引入、输送、排放和处理等。建筑区域内如设置水处理构筑物，其规划和位置也需要与整个建筑规划相配合。

雨水的收集、利用、排放与建筑生态规划密切相关。如建筑区域屋面、绿地、道路等占地面积与其表面铺装材料直接影响雨水径流量与下渗量，若以增加雨水下渗量为目的则势必要选择透水性较好的路面、广场等铺装材料，改善绿地基质，增加其蓄水量。屋面绿化也会蓄留部分降雨，减小屋面雨水的径流量，径流系数可以从0.9降低到0.3左右。雨水的收集、利用系统和绿地、景观水体往往有密不可分的联系。

C. 建筑区域高低关系

在场地水景中，因降雨、补水、蒸发、渗漏等原因会造成水位上下起伏，因此水景设计需要考虑不同水位情况的景观效果以及水景溢流排放。特别是在利用雨水资源补充场地水景用水时，雨水的自然汇集与净化、水景需水量、调蓄空间与雨水汇流区域需要合理考虑，汇流区域内的地热应尽可能坡向水景。

绿地有蓄积雨水、增加雨水下渗量、截流雨水污染物的作用，因此，绿色建筑中绿地地势应尽量设计低于道路、广场等以便于更好地发挥绿地功能和综合效益。

D. 道路与停车场

建筑物外的污水与雨水管线还需要与场地道路规划相统一，以便于管道的开挖与日后维修。道路与停车场雨水径流水质较差，雨水收集时需要考虑合适的截污措施，如低势绿地、生态滞留系统等。

（2）水环境与与园林景观环境

水景常为园林景观的重要组成部分甚至是核心。水景往往是建筑水环境包含的一个小环境，自身即为一个小生态系统，对建筑生态环境有重要影响，特别是当水景规模较大时。水景直接影响到建筑环境与效果，也关系到建筑水环境的水量保障问题，还需要考虑其自身水质保障问题，需要有综合的思路与技术以保证其景观效果。

（3）水环境与建筑结构

建筑屋顶设计影响到屋面雨水的径流量与水质情况，如沥青屋面比瓦质等屋面的雨水污染严重；有屋顶花园时，屋面种植层对雨水的蓄积、截污作用可收集雨水，减小雨水径流量并净化雨水水质。屋顶花园、绿色屋面材料等对建筑结构、建筑效果、热岛效应等也都会产生直接或间接的影响。因此，建筑师应结合以上因素认真考虑建筑屋面的设计。

建筑内的供水管线系统、排水管线系统需要与建筑结构相配合。管线的布置与建筑各用水点的设置直接相关，同时管道的设置也需要考虑不破坏建筑内的景观效果与建筑功能的发挥。

（4）场地水环境与建筑的关系

场地水环境除了雨污水排放或收集、处理利用系统外，水景池通常也是一种主要的形式，它们都需要考虑并妥善处理与建筑的关系。某种程度上水景设计跟建筑设计有更密切的关系，而且需要与建筑设计中的各系统相配合，除了水景形式和景观效果上需要与整体建筑风格相协调外，还需要妥善解决水景环境与建筑、园林、道路、给排水等不同专业之间的关系，合理设计水景的形式、位置、规模、水量与水质保障等。

5. 建筑风环境的生态优化策略设计

（1）充分发挥风对建筑热环境的影响

不同环境地区以及不同季节中建筑对风的要求都有所不同，是因时因地而变化的。如在湿热地区的夏季加强风的利用对建筑环境质量是至关重要的，它可以降温、除湿、改善人体的舒适度；在干寒地区的冬季，强风会降低围护结构的保温性能，加速热能的损失，冷风渗透能降低人的舒适度，而室内空气卫生标准要求必须要有新鲜空气的补充，所以此时通风应该是可以控制的。我国中西部的大部分地区是处于夏热冬冷的气候区内，建筑既要考虑夏季的隔热和降湿，又要适应冬季的保温和保湿的卫生要求，这就要求建筑的通风设计应具有很强的可调性。

A. 选择合适的风速区域布置建筑

建筑与周围环境的热交换速率在很大程度上取决于建筑周围的风环境，风速越大，热交换也就越强烈，因此，如果想减小建筑与外界的热交换，达到保温隔热的目的，就应该选择避风的场所；反之，如果想加速建筑与外界的热交换，特别是希望利用通风来加快建筑散热降温，就应设法提高建筑周围的风速，这就是建筑通风设计的基本原则。

B. 注意风环境对围护结构的影响

风速的大小会影响建筑围护结构的热交换速率，风渗透或通风会带走（或带来）热量，使建筑内部空气温度发生改变。因此，在失热的情况下尽可能减少建筑的体形系统。但是，即使是同一地区，不同季节对通风的要求可能有所不同，通过合理的建筑和细部设计来控制通风的所流流量、流速和流场，满足不同的需求，这就是建筑通风设计的目的。

建筑生态风环境的被动式设计对建筑的规划设计布局形态影响很大，尤其对大型公共建筑、办公、会展等。对建筑体形及内部空间进行设计，可以实现良好的建筑通风。

（2）尽量采用自然通风取代空调制冷技术

采用自然通风取代空调制冷技术至少具有两方面的意义：一是实现了被动式制冷，自然通风可在不消耗不可再生能源情况下降低室内温度，带走潮湿污浊的空气，改善室内热环境；二是可提供新鲜、清洁的自然空气，有利于人体的生理和心理健康。

（3）建筑风环境的规划与设计方法

建筑外部风环境的状况直接影响到建筑通风的质量和效果，如风速、风向、空气温度、空气卫生质量等。为达到舒适的室内风速，在年平均风速较低地区和有利风向应尽量避免对风的遮挡；年平均风速高且处于不利风向时，应有所遮挡和分流。

6. 建筑光环境的生态优化策略设计

建筑的光环境

光作为万物之源，除了给建筑带来热工作性能外，还带给人的视觉感受。光环境包括自然光环境和人工光环境。它满足人的需求，给人带来可见度、作业功效、视觉舒适、社会交往、心情和气氛、健康、安全和愉悦和美的鉴赏，影响建筑形式、构图、风格。良好的光建筑环境可取得好的经济与环境效益。

对人工光环境，即照明质量的要求可概括为三个层次：明亮、舒适、有艺术表现力，三者融为一体的照明是最佳的照明。

建筑生态环境的生态策略设计，对于城市生态环境建设而言有三个基本宗旨：保护环境、节约能源和促进健康。

（1）注重建筑光环境的被动式设计

建筑生态光环境的被动式设计是创造全新建筑形象和形态的重要设计方法，直接影响建筑的外观设计。如建筑围护结构的开窗方式，受光环境的影响，直接形成全新的建筑外观。

（2）发挥建筑光环境设计的节能、环保和健康作用

近年特别关注照明造成的负面影响：眩光、光污染和光干扰。因此，应充分发挥建筑生态光环境的节能、环保和健康作用。

（3）进行绿色照明的设计观念和设计手法的革新

对照明质量的全面理解与照明新技术的涌现促成了设计观念和手法的革新，包括以人为本，个性化的设计——普及照明调控，关怀个人对光的不同需求，追求个性化的照明风格；注重光色的选择，用光营造情调和氛围，满足人们心理上和精神上的追求；非均匀照明，动态照明，在需要光的时间，把适量的光送到需要的地点；室内、室外照明手法的互补和交叉等。

（4）加强照明设计师与建筑师之间的沟通与密切合作

加强照明设计师与建筑师之间的沟通与密切合作，使"光"成为建筑和室内外空间设计的有机组成部分。

7. 建筑声环境的生态优化策略设计

（1）建筑声环境生态策略设计的原则

最大限度地节约并利用可再生资源的前提下，运用科技发展的成果，从人的角度出发，消除和抑制人不喜欢的声音，保留和制造使人愉快的声音，营造健康舒适的声环境。

（2）建筑声环境营造模式

a. 采取主动的方式，充分利用自然的声音，将自然声引入环境中，满足人们作为自然人的属性；利用现代科技发展的成就，人为地使用在种类环境中，满足人们作为社会人的属性。

b. 考虑声音和其他环境要素的关系。

规划设计时，环境和建筑的热工、通风、采光也存在联系。例如，保温材料也多可用作隔声材料，利于采光但不利于隔热的玻璃也同时不利于隔声，自然通风孔及空调送风口也是室内外噪声的重要来源。

（3）建筑声环境生态策略设计要点

a. 适应气候；

b. 利用地形地貌；

c. 合理组织功能分区；

d. 营造自然声以及电声。

8. 建筑生态交通道路系统的优化策略设计

生态交通道路系统又可以称为生态型道路系统，是基于可持续发展理念的交通运输系统。它以环保、安全和高效为目标，从观念、技术、政策上协调出行需求、交通设施供应、环境质量与经济发展之间的相互关系。生态型道路系统也是一体化与智能化的交通体系。一体化强调区域和城市各种交通方式与交通体系在规划、建设和管理层面的协调；智能化强调通过现代交通工程、计算机和信息技术，提供面向公众、以人和生态为本的交通服务。

（1）生态策略设计

城市是一个有机动态的大系统，随着社会经济的发展，交通出行需求显著增长。然而轿车的大量发展加速了城市环境的恶化，严重污染城市环境。由于各种规划及生态策略设计不够完善，造成交通的阻塞，加剧了城市交通的污染。交通道路系统的生态策略设计，正是针对这种"城市病"的一种有效策略。

现代的交通道路系统生态策略设计基本上可理解为应用生态学的基本原理，根据经济、社会、自然等方面的因素，从宏观、综合角度，通过生态策略设计将道路人工系统内的尾气、粉尘、噪音等污染降至最低，并协调经济、交通、土地利用、环境、能源消费、道路建设、污染消纳、自然资源利用与再生等方面的相互关系，为实现整体效益的协调统一创造一个舒适和谐的环境。

（2）空间及景观策略设计

生态交通系统理念框架下的道路空间设计包括道路的功能性设施、空间规划组织、自然景观的营造、人文景观及社区可识别性。生态道路空间及景观的策略设计即是结合生态规划，从人性化角度入手，着眼于绿化的构筑、空间组织、功能型设施规划，营造生态道路交通系统，使道路交通网络成为城市中的绿色体系，串联整个城市人居活动空间，成为真正的生态化道路。

（3）交通出行及管理策略设计

交通规划和管理人员提出了一系列的交通出行及管理策略，通过绿色出行策略发送地区交通结构并结合一系列的交通抑制措施降低穿越交通量，改善道路交通环境，建立以人为本的道路系统及科学的交通出行理念。

绿色出行策略包括鼓励自行车交通、同车共乘、错峰出行、公交优先等绿色交通理念，交通抑制策略包括对场地道路系统进行特别的设计，通过改变路面物理条件和道路设计构造，减少不必要的交通进入，保证行人及沿街住户路权的优先。这样的道路不仅承担了传统的交通出入的功能，还提供了一个充实的生活空间供孩童嬉戏，居民闲聊。这种不严格区别道路与生活空间，既不威胁行人与居民生活功能，又允许车辆通告的道路系统即是人车共存的生活化道路。

二、交互适应

交互：是指互相、彼此；在计算机中意思为，参与活动的对象，可以相互交流，双方互动。例如：编程人员可以发出指令控制程序的运行，程序在接收到编程人员相应的指令后而相应地做出反应，这一过程及行为，我们称之为交互。

Adaptation（适应）一词来源于拉丁文 adaptatus，意思是调整。原意是指生物体随外界环境条件的改变而改变自身的特性或生活方式的能力谓之适应性。适应性并不简单地是某种功能的增加，而是一个群体在其环境中发展成熟的过程，永远处在追求最佳状态的过程中。

适应是系统与环境相协调的行为。建筑作为复杂的人工系统，因此具有系统的特征。适应性对建筑系统来说就是通过调整建筑自身构成要素以适应客观外部条件的行为，建筑通过与环境的交互性设计，达到与客观条件和内部关系相适应，使建筑向环境开放，使其具有应付环境变化的灵活性，从而创造出符合可持续发展观念的建筑。

建筑强调空间、事件、运动。就这一学科而言它本身也在向其他领域寻求思想联盟，比如哲学、音乐、戏剧、摄影、电影，甚至游戏，还有涉及包罗万象的各种学科（力学、材料学、美学、环境心理学、仿生学、经济学等等），在互联网时代由于数字化工具的出现极大提高了建筑师的表现手段和效率，出现了参数化建筑、模块化建筑这些更为高级的形式，还有看起来有趣的未来主义建筑和仿生建筑。

交互设计这一新兴学科的出现也不过 30 年，而其更以丰富的工具、表现形式越来越多受到艺术家的青睐。在清华美院硕士点已经有开交叉学科（信息设计 + 计算机 + 新闻），但是设计与其他专业的融合还有很长的路要走。比如，米兰世博会的都市海藻农场 Urban Algae Canopy 盘点 2015 米兰世博会"绿色创新"好建筑，其实是一种很棒的交互模式，能源、水和二氧化碳的流动根据天气情况和游客的运动而受到控制。这些单凭设计师自己肯定是想不到的，设计师的价值也不是单纯体现在改改界面、做个动效、设计个 logo、复制一把又一把没人坐的椅子上。

然而，是否可以上升到一定高度将建筑学的理念与信息交互结合？建筑可以试图传递信息、根据情景做出反馈、在空间上给人或惊喜或压抑的体验。未必是商业性的，也可能是一些艺术性、实验性的尝试。

谈建筑与新媒体交互，最绕不开的是 MIT 建筑与规划学院下属的 MIT Media Lab。他们的研究和 MIT 多数实验室一样，很基础，很底层。实验室很多项目都与建筑和交互相关。最开始成立的初衷是觉得设计是一种交叉学科，是人与世界的媒介 Media。建筑学，作为涵盖了工程技术与人文艺术的最古老的交叉学科，自然是要关注这个议题的。

Media Lab 成立于 1985 年，来自之前的一个叫 Architecture Machine Group （建筑机械组）的小组织。这个小组很类似 UCL Bartlett 秉承的 Archigram 学派 ARCHIGRAM。但是后来随着电子技术的兴起，这些对技术有着疯狂追求的建筑师便不断地扩充他们研究的边界，研究范围也超出了纯建筑学科的范畴。现在下属 25 个小组。

其中比较出名的是 Hiroshi Ishii 教授领导的 Tangible Media Group。该组研究的主要课题是 Programmable Materials（智能材料）和 Tangible Evironment（交互式环境），涵盖了几乎所有设计领域。

Materiable（http://tangible.media.mit.edu/project/materiable/）就是这个组的一个作品，探究的是一种新的家居和建筑界面。

他们做的项目有实际的，比如下面这个跟人的互动的球形灯群，可以在建筑大厅里上下活动的光环境设计。这个项目叫"BALLS"，被选为 2015 年伦敦建筑节和

第四章 生态环境与室外活动空间设计的信息交换 | 109

英国皇家建筑师学会 Open Studio 的场地室内光环境设计方案。

图 4-1 BALLS

也有纯粹研究性质的，比如现在 UCL 建筑设计系首页上的这个图片，叫 First Element，关凯林学长（现任京东智能 JD Smart+ 总监）之前的毕设，一个五轴球形机器人，能够感知到周围的人的活动并发生转向跟随交流等一系列活动，与空间中经过的人流发生关系。

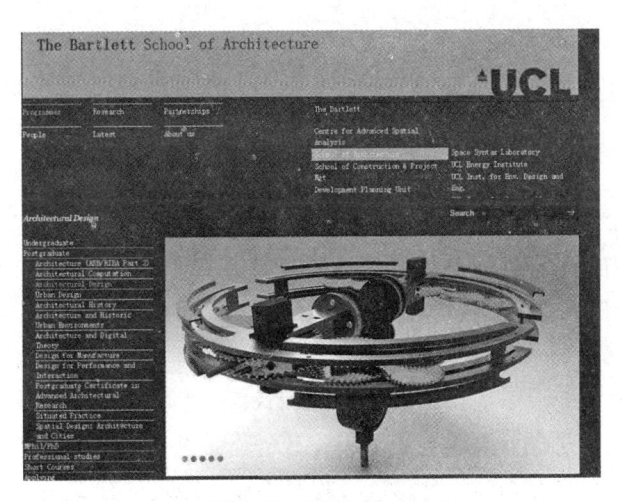

图 4-2 First Element

第二节　建筑与环境的交互性设计

自然是上帝或宇宙智慧唯一连续持久的物质表现，使我们探索和发现的永恒目标。必须清楚的是，我们对待自然的态度就是对待自身的态度——因为我们本来就属于自然。

这些建筑臣服于习俗，唯市场是从，却把自然与人类的尊严抛于脑后。然而，如果将注意力转向自然界，以自然作为设计的基础，我们就能创造出一种全新的、革命性的建筑。

建筑与环境的交互性设计实践基本可分为两个方向。

第一种是注重低技术型的建筑实践。主要是挖掘传统、乡土建筑在节能、通风、利用生态建筑材料等方面的手法加以技术改良，这类实践多在非城市区域进行，形式上强调乡土、地方特征。它的基本做法是：

1. 挖掘传统地方的建筑技术，加以改造。例如被动式制冷和取暖技术，风塔效应等。

2. 就地取材。生态建筑材料如生土、木材。在低层次上达到极高的效率，对地球生态环境的影响也最小。

3. 形式上强调传统风格，与大地景观融为一体。这类做法更复合"绿色"建筑的标准，在巧妙利用自然条件的基础上，保持人类生活环境的舒适，采用无害、无污的建筑材料，巧妙利用清洁能源、降低建筑物的能源与资源消耗。这种做法为发展中国家解决了大量居住、能源问题和保护地方特征方面提供了一种可能。为保持发展中国家的地方特色，弘扬本土文化提供了新的思路。

第二种是力图通过技术的发展和进步改善生态效能，主张高效率的利用能量和物质材料，"少费多用"是其思想主旨。利用高技术手段实现建筑与环境交互性设计的生态目标，充分利用可再生能源来满足人体的生理舒适性需求，寻找与自然的和谐。主要做法是：结合一定的被动式和主动式能源利用策略，关注建筑的外围护结构，借助于高速发展的计算机技术，将建筑外围护结构变成可以随外部气候变化进行"自我调节"的"皮肤"，可以进行呼吸控制，来增强建筑适应持续变化的外部生态系统环境的能力。

一、根植乡土

与地域的设计趋向在亚非拉等发展中国家比较突出，以埃及的哈桑·法赛、E·瓦克尔，伊拉克的马基雅，斯里兰卡的巴瓦等人为代表。他们创作的基本思路是尊重地方自然环境和文化传统，发掘传统建筑语汇及传统地方技术，并以当代方式表达出来，从而在建筑与环境的适应和维持地方文化方面对可持续发展做出响应。

法赛是在乡土建筑实现建筑与环境交互性设计的代表人物。1985年埃及召开第十五届国际建筑大会上，哈桑·法赛获"改善人居质量"金奖。他的《常人的建筑学》也成为全球许多建筑系学生必读的教材。法赛注意到新技术在建筑业得到大力发展的同时，而更多的地区不具备采用新技术的条件，而传统技术又不断衰落并导致居住问题更加严重，于是法赛开始致力探索地方建造方式之根源。法赛以发掘传统建筑技术和方法作为研究的出发点，充分考虑周围的环境脉络，把人看作生态系统中的一员，并与周围环境不断地相互影响。法赛重新评价了埃及传统建筑中的很多设计策略，实践证明传统策略技术与一般现代技术相比更能同人体生物舒适要求相协调。

他重新发掘了伊斯兰传统建筑对气候的调节潜力，重新评价了土坯砖、拱顶、捕风窗、内庭院和木板帘等传统建筑设计手法的作用。

法赛以科学的、客观的手段衡量技术的适应性，如最终效益、造价、能效、材料及空间、体量的协调性等。从建筑影响微气候的七个方面：建筑的形态、建筑的定位、空间的设计、建筑材料、建筑外表面的材料肌理、材料颜色和开敞空间的设计（街道、庭院、花园和广场等），分别对传统建筑设计策略进行了评价，并提出了发展后的设计策略。

法赛的贡献在于通过改良阿拉伯的传统技术为平民提供廉价住宅。在保护地方文化的同时引入多学科的现代研究成果，科学的评价传统技术和方法，选择和改造这些设计策略。以传统的材料——土坯砖，传统的构造方式——木板帘、捕风塔，传统的结构形式——拱顶、穹顶等，满足干热地区人体生物舒适性要求，又同当地特殊的环境氛围相协调。同时教会穷人掌握简单的建筑技巧，自力更生解决住房问题，为发展中国家开展乡村建设做出了榜样，反映出现代建筑师对建筑发展深层次生态问题——解决贫穷的关注。

日本的建筑界在逐渐走入繁荣的同时，日本建筑师也开始关注可持续发展的建筑设计。而以乡土和自然作为设计的出发点的自然主义在日本某些建筑师中成为主导。其中以象设计集团在日本的影响最大。象设计集团由早稻田大学教授吉阪隆正晚年倾向于民俗学和生态学的设计思想为出发点。以东京附近的乡村公共建筑设计为中心，并向海外发展。该集团试图建立一套与现代工业价值相对独立的生态价值观和设计方法，以实现人性对自然的体验和回归。他们对现代日本的消费经济和高度系统化的产业社会持反对态度，重视地方传统技术、手工生产方式和建筑造型。

设计集团主张建筑是场所营造的一部分，用"营造"代替"设计"一词，说明他们强调对场所的了解，不是把功能和意义强塞进去，而是把这一场所本来需要的东西顺其自然地展开。当形体出现时，对场所的感受应像形体出现前一样没有改变，这一形体与营造的过程和方法同在，人人可共同参与营建。他们的出发点是自然主义、人文主义和乡土主义的，同时也符合可持续发展建筑的设计原则。

80年代象设计集团设计的一批作品，包括展示出乡村聚落构图的宫代町立笠原小学、基于当地气候和"风的通路"设计的冲绳名护市厅舍等均体现出传统建筑中建筑与自然环境融为一体的设计思想。

根植乡土的建筑与环境交互性设计在发达国家也有众多拥护者，例如欧美等地众多自然节能式建筑。这类建筑主要通过运用被动式技术、自然材料、地方营造工艺等达到节能节资和减少环境影响的目标，如现代生土建筑、覆土建筑，代表人物包括英国建筑师阿瑟·夸比（AthurQuarrnby）、澳大利亚建筑师S·巴格斯（S.Baggs）、美国明尼苏达地下空间研究所等作品；N·卡里里设计的黏土穹顶建筑，安托万·普雷多克那些具有美国西南地方特色的"干打垒"建筑等等。

总之，当摩天楼、玻璃幕墙的丛林在全球蔓延的时候，法赛等人已经成功探索出了一条游离于所谓"现代化"之外的道路，哥斯达黎加建筑师达格诺的见解颇具代表性：要抛弃"智能"建筑所展示的建筑迷信，因为控制气候和保障安全的电力机械把建筑与环境隔离开来，而且他们对于发展中国家过于昂贵，还不如选择"傻瓜"式的或率直自然的地方建筑，它们在其场所更适宜和得到认知。

二、场地契合

建筑与场地的结合能够最大限度减少建筑对环境的负面影响，场地内良好的植被可以改善场地的微气候。适当的地形地貌还可以在阳光强烈的夏天提供良好的遮阳，在冬天则提供阳光的照射。现代大师赖特、阿尔托的作品都表现出了建筑的整体概念和基地环境意识，注重现代技术和传统设计方法的结合。

赖特说过，把一座建筑与场地的表达为"建于山中"要比"建在山上"好得多。在理想状态下，一座生态建筑应该看起来是从场地上生长出来的，是场地独一无二的结果。赖特一生致力于"建筑"的实践，强调建筑与环境的整体联系，注重外观、材质、色彩等与环境的协调。赖特早期设计的"草原住宅"既有美国民间建筑的传统，又突破了传统建筑的封闭性。它适合于美国中西部草原地带的气候和地广人稀的特点。在流水别墅设计中，赖特通过打破机械的几何盒子构成，在X、Y、Z三个方向实现了成功的突破，使建筑与自然达到完美的结合。整个建筑看起来像是从地里生长出来的，又似乎全身飞跃而起，指挥着整个山谷，超凡脱俗，建筑内的壁炉是以暴露的自然山岩砌成的，瀑布所形成的雄伟的外部空间使流水别墅堪称完美，在这儿自然和人悠然共存呈现了"天人合一"的最高境界。

阿尔托是一位现代建筑师，对于自然的热爱和兴趣一直贯穿于阿尔托的设计过程之中。阿尔托关注人、自然和技术之间的关系，他讲求浪漫情感与地域特点相结合的设计理念，对当今的生态建筑有着极其深远的影响。尽管遵循于现代建筑强调整体功能要求的设计原则，他还是尽量避开那些抽象简化的思想体系，倡导能引起内心共鸣的设计理念。他的早期作品帕米欧结核疗养院，是一幢掩映在白桦林和松树林中的白色建筑，主体建筑是七层的病房大楼，整个疗养院建筑顺着起伏的地势舒展地铺开，与环境极为融洽。从那中规中矩的形式和有条理的功能布局不难看出其所遵循的现代主义原则，建筑界也是普遍认为这是现代建筑运动发展阶段的标志性建筑。在随后的设计工作中，他完全倾注于研究地域文化和建筑的关系以及建筑的"人情化"上，突出表现在与周围环境的密切配合、巧妙利用地形、布局上的使人逐步发现、尺度上的"化整为零"和与人体工程学配合、运用不规则的曲面、变化多样的平面形式、室内空间的自由流动和不断延伸等方面，具体表现在砖、木等传统材料的运用、对现代材料的柔化和多样处理上。这些看起来与现代建筑的工业化要求横平竖直、排列规则是完全违背的，但他总是千方百计将经济性和标准化因素付诸工程的设计中。阿尔托在玛丽亚别墅设计中充分考虑了人的需求，并将芬兰的森林空间意向通过建筑元素的组合在室内空间与入口空间设计中表现得淋漓尽致，在设计中充分展现了人在森林中漫步的意境。

阿尔瓦·阿尔托所设计的建筑形式、细部处理、韵律节奏都是与芬兰的自然景观——曲折蜿蜒的湖岸、突兀光滑的岩石和树影婆娑的森林——相呼应的，就如他的著名玻璃器皿的形状象征着芬兰这个千湖之国众多湖泊的湖岸轮廓一样。

三、结合气候

"生活在第三世界，就要考虑当地气候。简单地说，我们负担不起热带阳光照射下玻璃盒子式高楼所需的空调能源消耗……这意味着必须创造出为使用者所需要的，对气候有'调节能力'的建筑形式。""调节气候决不仅仅是日照角度和气窗的问题，它与建筑平面、外形、剖面和内部布置都有关系。"

　　印度建筑师查尔斯·柯里亚（Charles Correa）也是从具有地域特征的传统建筑技术中提取精髓，充分利用传统材料和传统构造的长处，结合印度炎热干燥的气候特点建立了一系列建筑空间和形态的语汇，提出了"形式追随气候"的口号，并将之运用到建筑实践中。柯里亚提出了"开敞空间"和"管式住宅"两个概念用于解决干热气候下建筑遮阳和通风问题。柯里亚在1963年设计了甘地纪念博物馆，在一系列严谨有序的空间中，设置了大面积的水体化开敞空间，创造了宜人的小环境。同样在1981年设计的巴汶艺术中心中，柯里亚利用自然坡地设计了一系列的平台花园和下沉庭院，这种开敞空间在传承了古梵庙中公众祈祷空间的同时，建构了清凉的微气候。

　　"管式住宅"就是将烟囱的拔风效应用于住宅剖面，在低层高密度的住宅群体中，既可创造小型化的阴影户外空间，又有效地解决了室内空气流通的问题，并产生了直接反映气候特征的建筑形象。加上设置合理的遮阳，使建筑适应于炎热干燥的气候，在帕雷克住宅中，他为冬夏设计了上下倒立的两个管式空间，并结合在同一个连续空间之内。正立的金字塔形空间可以避开夏日强烈的日照，倒转的金字塔形空间形体则向天空展开以获得冬季日照热量。"管式住宅"的通风原理还被柯里亚用到现代高层建筑上，如干城章嘉公寓，那是一座平面为 $21 \times 21m$，高85m的塔楼，当地的主导风向来自西边的阿拉伯海，因此各单元必须朝西。为了解决午后的烈日、季风等不利因素，在居住单元与外界之间柯里亚设置了一个双倍于居住层高的露台花园。白天，这些花园就成了主要的"活动空间"，不仅保证了每户都有穿堂风通过，还便于居民欣赏城市风景。

　　柯里亚在建筑适应气候设计上寻找到一种承传文脉的理性思路，而不仅仅是地域符号的借取。根据不同作品所处地域环境以及各地气候的设计特征，其建筑处理手法可以分为四种主要类型：

　　1. 干热气候区——封闭内向露天庭院；
　　2. 夏热冬冷气候区——管式住宅；
　　3. 夏热冬暖气候区——开敞露天庭院；
　　4. 温和气候区——气候缓冲层。

　　马来西亚华裔建筑师杨经文，学习过生物系课程，对生态学和生物系统的特性产生了强烈的兴趣。针对能源消耗量日益增多和地球能源资源有限的状况，杨经文认为建筑师必须具备节能意识，具备历史责任感，城市高层建筑经过合理的设计也可以做到能源的节约。并且致力于热带高层建筑中运用生物气候学，来解决高层建筑与环境问题。在吉隆坡的 IBM 大厦设计中，杨经文结合生态学原理和高科技手段并应用到设计中。在建筑表面和中间的开敞空间设置大量绿化，以减少城市热岛效应；同时将交通核置于日晒最强烈的南侧，并在建筑表皮和屋顶根据太阳的运行轨迹设置遮阳窗格，遮阳格片做成不同角度以控制阳光，这样屋面空间就变成了良好的活动场所。这些有效的设计处理都是受当地骑楼、平台、通风屋面的启发。

杨经文将生物气候学在热带高层建筑设计中所采用的理论和处理方法大致有以下几种：

1. 在建筑的表面和开敞空间设置绿化

植物绿化不仅能减少所在地区的热岛效应，改善局部微气候，还能产生氧气和吸收二氧化碳及一氧化碳，还可以吸附空气中的灰尘。

2. 在高层建筑中设置开敞空间

根据内部功能设置开敞空间，室内空间通过玻璃隔断与开敞空间相连。开敞平台除了能够抵挡阳光照射外，还可以可作为紧急疏散区域，设置空中绿化。还为未来的扩建留有余地，开敞空间为使用者创造一个更富有人情味的、可以直接接触自然的环境。

3. 在屋面设置遮阳格片

杨经文在高层和低层建筑中都有设置遮阳格片，并根据太阳的运行轨迹将格片做成不同角度，意在不同时段控制阳光的照射。当屋面有了遮阳格片后，屋面便成为很好的活动空间，同时在屋顶设置游泳池和绿化及休息平台，可以减少屋面曝晒，有利于节约室内空调能耗。

4. 利用通风加强空气对流，降低室温

杨经文设计的很多建筑有许多通风的空隙，并与公共走道联通，这样利用自然通风就能带走热气，甚至不用设置空调，就可以明显地改进建筑环境和节省能耗。

5. 在平面上把楼电梯、卫生间等附属设施设置在建筑物的外侧

这样处理既可以遮挡太阳队中部空间的热辐射，还可以让电梯厅、楼梯间和卫生间做到自然采光通风。减少电梯照明和节省消防所需的机械通风等设备。

除此之外杨经文把高层建筑外墙作为一种环境的过滤器来处理。他认为建筑的外墙应该是一种"过滤装置"而不只是一个供人观赏而无功能性的"密闭的表皮"。通过可以调节的"开口"，获得立面的多种功能：如自然通风、控制光线及视线；避免暴风雨的侵袭；能屏蔽噪音；以及解决夏季遮阳和寒冷季节的保温御寒作用等。在解决问题的同时它还能在一定程度上增加建筑的美观。

实践证明高层建筑通过这些具体措施，可有效节省运转能耗。虽然有人从不同角度提出的各种非议，但生物气候学在高层建筑中的运用带来有效节能的结果毋庸置疑，同时让高层建筑摆脱了千城一面盒子式的外貌，使人能在建筑高空即可接触自然，其发展前景是乐观的。

四、依托技术

还有一种建筑与环境交互性设计实践活动与前面的都不尽相同，但是目标类似，都力图建立建筑与环境之间的平衡，减少不可再生资源的消耗，但是实现途径更侧重于高新技术的应用，侧重于技术的精确性和高效性，通过精细的设计提高能源的利用效率，因此又可称之为"高技型生态建筑"。这种类型的建筑师笃信技术改造自然的能力，他们相信技术尽管是把"双刃剑"，可以带来灾祸，也可以给人类创造福祉，但是他们更相信高技术这把"双刃剑"带来的是福是祸完全在于舞剑人的心手之间。代表建筑师有让·努维尔、诺曼·福斯特、伦佐·皮亚诺等。这些被称为"高技派"的建筑师在技术发展初期，更多的带有表现主义的特点，主要是突出建筑上的技术特色，并在建筑美学上极力鼓吹和表现新技术。后来自能源危机以来，以减少污染、节约能源为核心内容的生态设计理念逐渐成为建筑师追寻的方向，"高技派"便开始了从"高技术"到"生态技术"的转变。

这些高科技生态建筑结合整体设计概念，全面协同与建筑相关的各个元素，将新技术和建筑设计融为一体，将高科技作为实现生态目标的一种手段，利用数字技术与智能技术，来解决建筑中自然通风、自然采光和建筑遮阳、能源的利用等生态环境问题。

高技生态建筑的技术线路可归纳为以下几个方面：

1. 建筑与自然环境共生；
2. 利用建筑节能新技术减小建筑对环境的负面影响；
3. 保持建筑废弃物的再生利用；
4. 创造舒适健康的建筑室内环境；
5. 尽可能结合地域主义进行设计，将建筑融入历史与地域的人文环境中。

福斯特在德国国会大厦的改建设计中重新设计了一个以钢为骨架，以玻璃为幕墙的圆顶，体现着当代建筑的美学风格，同时是一件技术上的杰作。它全面地体现了福斯特的高科技生态思想，在满足了人们对原有建筑形式的情感诉求外，还赋予了它深层次的生态内涵。主要手法有：

1. 合理的自然通风系统

新鲜空气经过设在西门廊的檐部的进风口后,经大厅地板下的风道及设在座位下的风口,低速而均匀地散发到大厅内部,而废气经穹顶内倒锥体的中空部分排出室外。此时的倒锥体便成了拔气罩。同时大厦侧窗的通风既可以自动调节也可以人工控制达到大厦大部分房间,可以得到自然通风和换气。大厦侧窗的双层玻璃之间为遮阳装置,可以满足隔热的要求。

2. 自然光线合理的应用

议会会议大厅倒椎体上面镶嵌着360块活动镜面,将光线反射到下面的议会大厅,为保证议会大厅的照明,同时议会大厅两侧的天井也可补充部分自然光线,从而降低人工照明的能源消耗。同时,在玻璃穹顶的内侧安装了可移动的铝网,由电子计算机按照太阳的运动轨迹自动调控位置,以防止过热和眩光,同时穹顶还包含了科学合理的自然通风系统,保证室内空气的通畅循环。

3. 地下蓄水层的循环利用

为了解决柏林夏热冬冷的气候条件,福斯特在设计中充分利用自然能源和地下蓄水层把夏天的热能储存在地下供冬天使用,同时又把冬天的热能储存在地下以备夏天使用。国会大厦附近有深、浅两个蓄水层,分别用于蓄热和蓄冷,它们在运行中相当于大型冷热交换器。

4. 生态能源利用与环保

相对于国会大厦改造前的采用矿物燃料的动力设备,改建后的国会大厦采用了生态燃料,以从植物中的提炼油作为燃料,这种燃料使用时相对清洁,可以大大减少对环境的污染。会议大厅的遮阳和通风系统的动力则来源于屋顶上的太阳能发电装置。

让·努维尔在阿拉伯世界文化中心设计中将阿拉伯传统文化符号巧妙地融入建筑语汇中,在建筑的外部和内部形成了深具文化感染力的空间氛围。建筑的南立面整齐地排列了近百个光圈般构造的窗格,灰蓝色的玻璃窗格之后是整齐划一的金属构件,具有强烈的图案表现性和科学幻想效果。构件采用了铝制的如同照相机光圈般的几何孔洞,通过内部机械驱动光圈开阖,根据天气阴晴状况来调节进入室内的光线量满足室内光线需求。

生态高技术建筑的创作要求建筑师具有更高的综合素质,不但要掌握生态设计方法的精髓,更要关注最新生态技术发展方向,并根据地域的生态环境特征,通过高新技术手段,对建筑物的物理性质(光线控制、通风控制、温湿度控制以及建筑新材料特性等)进行最优化配置,合理地安排并组织建筑与环境因素之间的联系,使建筑与外界环境成为互动的有机整体。生态高技建筑是对当今生态危机的一种积极、主动并且有效的解决之道，并且随着技术的不断发展完全依赖高度消耗能源的机械系统控制的建筑在生态时代下显得落伍了，于是现在有人提出了生态智能建筑的概念，运用环境敏感设计（Environment Sensitive Design，简称ESD）发展智能建筑的内涵。主张能效、生活保障系统、通信交通系统、工作场所自动化。目的就是运用高科技达到高能效、获得高经济回报率而且可持续发展的建筑，如今以生态设计为指导的复合生态原则已经成为发达国家关注环境与建筑交互性设计的新趋势。

五、生态仿生

"要创造一种有意义的美好的建筑，我们需要回归本源——自然。我们应该利用大自然给予我们的材料和一切新的东西，根据它们的特性物尽其用，而不能仅仅对过去做表面的模仿。但是，如果我们将自然作为设计的基础，我们就能创造出崭新的、进化的建筑。"

崔悦君（Eugene Tsui）"仿生学"一词来源于希腊语，意思是"生动的要素"。是一门通过模仿生物系统原理来建造技术系统，或者使用人造系统具有或类似于生物系统特征的科学。

生物体经过自然界千百年的进化完善了自身的功能和机构，本身具有高效低能、感觉敏锐、控制调节、能量转换及力学应变等生物系统功能。人和生物肌体新陈代谢活动的正常进行都是在依靠生物自动控制系统下实现的。现代仿生建筑的发展是建筑师师法自然的又一蹊径，它的研究意义既是为了建筑应用类比的方法从自然界中吸取灵感进行创新，同时也是为了与自然生态环境保持协调，保持生态环境的平衡。自然界许多生物的巢穴属智能型空间，如蚂蚁、海狸、蜂蜜等的巢穴，抵御风雨、适应环境冷暖变化的能力非常强。1983年，德国人勒伯多出版了《建筑与仿生学》一书奠定了建筑仿生学的理论基础。仿生学吸收了动物、植物的生长肌理以及一切自然生态规律，结合建筑自身特点来适应新的环境，无疑是最具有生命力的。

建筑仿生学的表现与应用方法，归纳起来大致有四个方面：城市环境仿生、使用功能仿生、建筑形式仿生、组织结构仿生。当然，往往会出现综合性的仿生应用，形成一种城市与建筑的仿生整体。

如果把建筑当作是一个处在进化过程的生命体，那么它的呼吸循环功能（通风调节系统）、肌肤对于温度的抵御调节功能（复合保温材料）、精致有效的骨骼及结构的防御功能（材料及结构力学系统）、微循环和对微生物、细菌的过滤灭杀功能

（污水自净化系统）、能量转换与再生功能（再生能源系统）、肌体细胞再生功能（可恢复性合成材料）都可以被作为一个生命系统中的维生结构再认识与科学模拟，使其参与真正的生态运动过程。

建筑形式的仿生是建筑创新的一种有效的方法，将生物千姿百态的规律后的原理应用在建筑上，不仅要使功能、结构与新形式有机融合，而且是超越模仿自然而升华为创造的一种过程。阿尔托设计的德国不莱梅的高层公寓平面就是仿自蝴蝶的原型，他把建筑的服务部分与卧室部分比作蝶身与翅膀，不仅造成内部空间布局新颖，而且也使建筑造型变得更为丰富。又如柯布西耶设计的法国朗香教堂的平面就是模仿人的耳朵象征着上帝可以倾听信徒的祈祷。正是因其平面具有超现实的功能，以致在造型上也取得奇异神秘的效果。

建筑在结构仿生方面也取得了非凡的成就，已应用现代技术创造了一系列崭新的仿生结构体系。从一滴水珠和一个蛋壳看到了其自由抛物线曲面的张力和薄壳高强的性能；从一片树叶的叶脉发现了交叉网状的支撑组织肌理，这些对建筑结构的创新设计都是十分有益的启示。奈尔维设计的罗马小体育宫，其半圆穹顶直径达到98.4米，容纳16000人，内部采用放射形拱肋的造型形式支撑着上部的混凝土穹顶，厚度只有6cm。内部看上去既像一朵花，又像密密麻麻的叶脉网，成功地使现代技术与使用功能、装饰艺术达到完美的统一。西班牙建筑师圣地亚哥·卡拉特拉瓦（Santiago Kalatrava）1987年在瑞士巴塞尔市一座中世纪古建筑的改建中，将咖啡厅上的顶棚钢梁架做成仿生动物骨架的自由曲线，既符合受力特征，又有新颖的视觉效果。

沙利宁的环球航空公司航站楼以"自由结构"形态令世人瞩目，设计完全依据薄壳构造的本质，其造型没有一处受几何形的束缚，没有圆、直线甚至抛物线。但是每一条曲线，每一个细部都表现了力所遵循的秩序。

"建筑"大师赖特因其早年攻读结构专业，因此在建筑造型与结构体系的融合方面能够游刃有余。1950年设计的威斯康星州约翰逊制蜡公司办公楼就是模仿树状结构，创造了独特的蘑菇柱，主要结构支撑在柱上，四周楼板悬挑，创造了全新的室内建筑新景象。

建筑仿生可以是多方面的，仿生建筑学也给人们暗示着必须遵循和注意许多自然界的规律，它告诉我们建筑仿生应该注意环境生态、经济效益和形式新颖的有机结合，建筑师必须善于应用类推的方法，从自然界中观察吸收一切有用的因素作为创作灵感，同时学习生物科学的肌理并结合现代建筑技术来为建筑创新服务。

黑川纪章的"以少做多"理论也反映了进化的思想，在1970年大阪世界博览会上展出的一幢由黑川纪章设计的称为 Takara Beautilion 的实验性房屋中，整幢房屋的结构是由一种构件重复使用了 200 次构成的。这是一根按通常弧度弯成的钢管，每 12 根组成一个单元，它的末端还可以继续连接新的构件和新的单元，是可以无限延伸的。在单元中可以插入有工厂预制的、不同功能的可供居住、生产或工作用的座舱，或插入交通系统、机械设备等。这一实验性建筑很好地体现了黑川纪章"以少做多"的思想。

丹下健三提出的"新陈代谢"思想则是强调事物的生长、变化与衰亡，极力主张采用最新的技术来解决问题。由丹下健三设计的日本山梨文化会馆就是一座体现这一思想的"抽屉式"建筑，其基本结构为一个个垂直向的圆形交通塔，内为电梯、楼梯和各种服务性设施。各种活动窗与办公室单元就像抽屉那样架在圆塔挑出的大托架上，并可根据需要随时更换。

进化与仿生式建筑并不是一种全新的建筑风格，也不仅仅是对自然的模仿或是生态学上的模拟，更多的是出于对自然环境规律的适应性应用，源于我们对自然的深刻理解，始于我们自身对于我们这个有限的世界和我们的思想及行动所产生影响的最初审视。

六、未来构想

与众多建筑师脚踏实地的解决建筑与环境问题的同时，还有一些先锋与前卫建筑师把生态设计思想扩大到城市设计层面，为人类未来建筑与城市向生态方向发展提出未来的设想。这些形式各异的设计方案代表了未来生态型建筑与城市风格，满足了生态友好型的要求。在现在看来可能有些异想天开，但是多年以后也许就会梦想成真。

1. 游泳城市

面对全球气候变暖，海平面持续上升的现状，也许人类赖以生存的地球在未来将会变成一个水的世界，人类将被迫在海面重建家园。由安德拉斯·吉奥菲所创作"游泳城市"似乎就是这一思想的体现。"游泳城市"曾在首届"海洋替代设计大赛"中一举夺魁。尽管在海洋上真正打造"游泳城市"可能要耗费巨额资金，并面临很多技术问题，但它未必不是未来基于海洋生存的人类社会建筑的一种模板。由文森特·卡勒伯特建筑事务设计的"Lilypad"漂浮生态城市也是为应对因气候变化海平面上升等原因造成的生态灾难而设计的。文森特·卡勒伯特建筑事务所则以充满想象力的漂浮绿色建筑设计方案而著称，所设计的"Lilypad"漂浮生态城市可以作为 2100 年生态难民的新家园，可以容纳 5 万人生活其中，是一个两栖的、可自给自足的城市。包括人类生活所必需的各种植物和动物，而底部没于水中的一个礁湖可以净化雨水供居民饮用。

2. 迪拜金字塔可持续城市

迪拜因奇异的各式建筑成为全球关注的焦点，最近由迪拜的一家名为"时间链接"的环境设计公司所设计的金字塔可持续城市。迪拜金字塔可持续城市因其独特的设计方案再一次成为公众关注的焦点。

3. 韩国首尔 Gwanggyo 绿色城

荷兰著名的 MVRDV 建筑事务所为韩国首尔设计了一座 Gwanggyo 绿色城的建设方案。这是一座可以容纳 7.7 万居民实现自给自足的绿色社区，由一个个层叠的，但稍有偏移的环形结构组成，而这种环形结构则可以作为阳台或者是办公会议或聚会的场所。这座建筑中，包括办公室、住宅和购物中心，以及城市生活所必需的各种设施。同时这些建筑还具有过滤空气和降低能耗的功能。

4. 新加坡 EDITT 绿塔

马来西亚建筑师杨经文设计的新加坡 EDITT 绿塔方案可能是为实际可行的未来生态建筑设计。EDITT 绿塔方案是专门为新加坡量身定做的，共 26 层，建筑外表面将近一半的面积覆盖了绿化，可以起到自然遮阳以及空气过滤的作用，还采用了光电板、沼气发电站和自然通风系统等生态节能型设计。精心设计的水循环利用系统可以满足大楼55%的用水需求，而太阳能电池板则可以为大楼提供40%的所需能量。

除了这些形态各异的未来生态城市之外，还有许多解决建筑与环境问题的奇思妙想，它们共同的特点就是：面对当今的生态危机，以及未来城市的发展需求所面临的环境问题，提供可行的解决方案。

第三节　室外建筑的场所关联

阿尔多·罗西认为："我们能将'场所'定义为一种特殊的人为事实，由时间与空间，人为事实所处的地形尺度与造塑，古代与近代的人为事实所发生的地点，人为事实的祭祀等因素，共同决定这种特殊的人为事实。"

场所感是指人作为感知的主体，对客观环境所产生的存在感、认同感以及归属感，它以人对环境的行为、心理等认知活动为主要途径，建筑正是试图通过建立建筑与环境间的某种对话关系来营造和谐、整体以及可相互作用的场所，地域特征、乡土文化以及历史文脉等因素的建筑形式表达使人形成认知的建立。

一、场所精神释义

挪威建筑理论家克里斯琴·诺伯格·舒尔茨的《场所》理论是以现象学特别是海德格尔德存在主义现象学为基础的,并以此建立了狭义的建筑现象学理论。建筑现象学大体可分为两派,一派源自海德格尔德存在主义现象学,一派源自梅罗·庞蒂的知觉现象学。而实际上,无论哪一派现象学都是以胡塞尔现象学的基本思想方法即"还原"(Reduction)为基石的。

胡塞尔和海德格尔的现象学理论,总体来看,两者都对纯粹的技术理性进行了深刻的批判。胡塞尔的现象学有利于我们跳出纯粹追求形式的地域主义与历史主义,去寻找造型特征的根源。而海德格尔则解释了存在的意义,指出作为主体的人与覆盖着人的宇宙,是一种从来就有,而相互又有着各种各样的联系的方式存在着,实质上,这种方式就是场所的方式。

"场所精神"这个词,原文 genie loci,拉丁文,英语意译就是 the guardian spirit of a place,一个地方的守护神。本节将从现象学与场所精神、场所的内涵和特性、场所的结构与空间到场所等几个方面来探讨场所以及场所精神。

建筑理论家提出场所精神这个词,念念不忘冀求回想的,就是古希腊。当时人建造神庙于某地,并非如汉语境中会下意识地理解的那般,造一座寺庙为民祈福、为城添景或是提升地望,也不是这里出过怎样的英灵、圣贤,为立神祠,庇佑一方。希腊人建造神庙,通俗地说,都先是此地有合于该神的气场。如果春阳煦煦,海风徐徐,那么必定不是波塞冬;如果山峡阴鸷,必定没有阿波罗。

所以建筑现象学这一派言说,热心倡导场所精神,用心在这。是相信地域有其独有的气场或曰灵,值得延续。我们只需回顾一下这一派发声的年代,二十世纪六七十年代,二战过去了,二战疮痍的修复过去了,与之终始的大规模不假思索的现代主义的建设也过去了,自然,要求既有的怀疑,和要求未来的好奇,就都来了。场所精神告诉我们,建筑不是按部就班到缺什么盖什么。建筑首先要倾听脚下的土地,对得起它所赖以存在的土地,正如一个人要倾听他的身体。发掘场地所经历的岁月,检视场地所承载的记忆,那么,对建筑所处的环境,城市的街区也好,郊野的地景也好,就有了真切的、接地气的理解。

表4-1　有关场所精神的几种理论

	意义 形而上	结构 形而下	场所精神的发现 形而下到形而上
海德格尔	诗意定居	营建	从"营建"中感受的"诗意定居"
诺伯格·舒尔兹	氛围	事物的集合	从"事物的集合"中获取的"氛围"
金伯利·杜维	经验空间	几何空间	从"几何空间"中获取的"经验空间"
史蒂芬·霍尔	锚固	建筑与场地的纠缠	从"建筑与场地的纠缠"中获取的"锚固"

海德格尔在《建筑·居住·思想》中有这么一个比喻:"桥梁横跨合理……他并不是连接了已有的河岸。河岸之所以成为河岸是因为桥梁跨越了河流,是因为桥梁才有了可跨越的河岸,是因为桥梁才使两岸相互延伸。河岸也不是作为平地上两条带子无动于衷地沿河延伸。通过河岸,桥梁给河流带来河岸后面的地景,他使河、岸、地互相为邻居。桥梁使大地在河边聚集成地景。"

这个说法明确的是:在桥建起之前,沿河有许多可以成为桥的地点,正因为桥的出现,其中之一被证实为地点。所以,桥不是在创造那个地点,而是使那个地点获得了显现。这座桥沟通了两岸,建立了联系,并且人们从跨越桥的行为中也获得了对河、岸、两地的认知。有了桥,才有了精神。

舒尔兹的理论,从更微观的角度,即人的感觉来入手。从事物的集合来获取氛围,从氛围中来感受设计的建筑应该是怎么样的。他主张感受场所精神,感受氛围,进而创造氛围。

金伯利的理论,应该是建立在先验的经验主义基础上。我们每个人都会有自己的记忆,而建筑、地景就是用来唤醒存储在脑海里的先前的记忆。这方面最鲜明代表的当数王澍的建筑(图4-3)。

图右面的瓦面的"雨棚"会让人想起小时候,在老家,长辈支起老式的窗子,阳光照着蒙蒙的烟尘洒进来;雨天的时候,一个人静静地抬头望着屋檐下倾泻的水帘,滴滴答答。

这种感觉,即所谓的经验主义。但每个人的经历毕竟有所不同,建筑师的经验主义,更多的是一种集体意识与文化。

霍尔的理论，霍尔认为场地与建筑的功能组织，以及景观、日照、交通流线等应作为建筑物理学来考虑，并且与场地相融合达到超越物理的、功能的要求。为此，霍尔试图发现每一个项目与所在场所的独特关系，他称此举为"锚固"。这一点是通过建筑与场地的现象学的、经验的结合而得来的，霍尔这种对场地的现象学理解自始至终地浸透在他的设计当中（图4-4）。

图4-3 中国美院象山校区

图4-4 北京当代MOMA

场所精神分两种。一是显现场所精神，赋予它气质。场地本身平平无奇，但是建筑的营建犹如画龙点睛，整个场地也许因为这个建筑而有了很大的不同，显现出一种精神。二是契合场所精神，顺应它气质。

总而言之：场所的营造就是要让"场所精神"视觉化。

二、场所的内涵与特性

舒尔茨使用"居住"这个概念来描述个人与场所的关系，指出场所的内涵。他写道"当人定居下来，一方面他置身于空间中，同时以暴露于某种环境特性中。这两种相关的精神更可能称之为'方向感'和'认同感'。想要获得一个存在的立足点，人必要要有辨别方向的能力，他必须晓得身在何处，而且他同时得在环境中认同自己，也就是说，他必须晓得他和某个环境是怎样的关系。"因此，定向与认同两个方面构成了居住的主要内容。定向意味着以具有良好的方向感的地区，人们才会免于迷路的恐惧。因此，人们在做一切事情的时候都有赖于定位的心理学功能。林奇曾经指出："一个好的环境意象能给它的拥有者在心理上有安全感。"

认同意味着体验一个有意义的环境，指与物的世界产生有意义的关联。按照舒尔茨的话来说就是"与特殊环境为友"。当方向感与认同感都获得充分的发展时，人即对该场所产生真正的归属感。定居即意味着归属与一个具体的场所，也就是说获得一个"存在的立足点"。定向是疏离感，它使人成为自然的一部分，场所的空间性质与之对应；认同是归属感，它使人与特定的环境为友，场所的特性性质与之对应。

场所是一种包含空间、时间、活动、交往、社会与文化意义等多种内容的具体空间。它与人们的活动和认识有关，因此包含了特定的意义，能引发人们的联想。它不同于抽象的美学或几何空间，而是具备特定的品质特征。只有当空间从社会文化、历史事件、人的活动及地域特定条件中获得文脉意义时，才能成为场所，它由城市物质形体环境、人的行为空间和社会空间交织在一起而构成。

场所精神通过人的认同与定位而得以体会，而实质上它体现了环境中事物的集结，它是人、城市、建筑或荒野的生命与赖神的根本准则，建筑物给场所以特征，并使这些特征与人产生亲密的关系，在这种关系的气氛中，场所以一种自明性表现出来，这就是舒尔茨定义的场所精神，亚历山大称之为"无名特质"，而袖文彦泽称之为"城市的深层结构"。

1960年杜瑞尔曾写道，"如果你想慢慢了解欧洲的话，尝一尝酒，奶酪，走一走乡村，你将开始体会到任何文化的重要决定因素还是场所精神。"舒尔茨在《场所精神——迈向建筑现象学》一文中对场所精神的本质作了以下的陈述："一个空间之所以能成为场所是因为它具有了独一无二的特色；既然场所精神在过去的时候作为具体的事实已被认识到了，人们在日常生活中就必须正视它。"

舒尔茨指出："'场所精神'由定位、空间形态和具有特征的明晰性明显地表达出来，当这些观点成为人的方向感的客体时就必须加以保存。必须加以尊重的很显然是它们的主要结构特质，例如聚落类型、营建方法以及具有特性的装饰母题。"

以上，简略勾勒了舒尔茨场所理论的概貌。他将人们通常意义上的理解的建筑空间加上人的心理认知，构成一种知觉图式体系，形成了所谓"存在空间"的概念。场所就是存在空间的具体化。它包含了空间与特征两个方面的内容。人们对场所的认知通常依照"中心——路径"的模式进行。当人在场所中获得定向与认同之后，他也就找到了一种归属感，一个存在的立足点。换句话说，就是达成了"居住"。最后，这场所中的诸事物之后表现出来的性格，我们谓之"场所精神"。

（一）场所的结构与层次

按照舒尔茨对场所的分类，场所可分为自然场所和人工场所两类，"以具体的术语而言是'地景'与'聚落'"。同时，场所作为存在空间的具体化，具有空间和特征两方面的含义。下面，我们将从这两个层面讨论场所的结构。

1. 地景与聚落

所谓自然场所，指人眼中的自然，而不是离开人的意识的客观自然，正如我们熟悉儿时家乡的天空、树木、阳光等自然景观，它们对我们有着不同的意义，其具体表现为"地景"。人领悟到自然，赋予它以意义而形成人化自然。人为场所表示一系列的环境层次，从村庄、市镇到住宅或其内部，其具体表现为"聚落"。聚落的最明显品质就是集中性与包被性（见图4-5）。

a. 自然场所　　　　　　　　b. 人为场所

图4-5　自然场所与人为场所

受到林奇的"可意象性原理"的启发，舒尔茨采用了中心、路径、领域的概念来表达自然与人为场所。中心在林奇的词汇是"标志"和"节点"，在格式塔心理学的意义上是可意象的图形，中心或目标，是构成存在的空间的基本要素，人类生活永远与中心有关。路径是中心的必要的补足，路径在所有环境层面上存在着，与迷路经验相对，它表示一种运动的可能性。

路径把人的环境分割成各种各样的区域，对这些区域的了解程度也是各种各样的。像这样为质限定的区域即称"领域"。在某种意义上，领域就是比较缺少结构化的"背景"，在这个背景上，中心和路径是作为具有较集中特征的形表现出来的。同样，聚落与地景也是一种图案与背景的关系。地景与聚落两者相互依存，相互限定。地景是由各神不同的，但基本上是连续的扩展所界定的聚落则是包被的实体。

2. 空间与特征

空间即场所元素的三维布局，空间的本质是空而有边界，空间不等同于无。空间由实体围合而成，并具有不同的围合程度。特征则指"氛围"（Atmosphere）和"情绪"（mood），同时它又是具体的造型，是该空间的界面特征决定的。特征是由场所的材料组织和造型组织所决定的，它生于边界。因为它决定了空间是如何围合起来的，它有肌理、色彩等具体品质。

舒尔茨指出："构成一个场所的建筑群的特性，经常浓缩在具有特性的装饰母题中，如特殊形态的窗、门及尾顶。这些装饰母题可能成为'传统的元素'，可以将场所的特性转换到另一个场所。因此特性和空间的边界结合在一起，而且我们可以统一界定建筑为'介于内部与外部墙间的墙'。"

总的说来，特征相比空间而言是一个更普遍更具体的概念，一方面表明一种综合的气氛，另一方面，则是具体的物质形式。人们通过对物质形式安排获得空间。任何在场之物总是与特征紧密相连的，所谓特征实际上又可以说是差异，特征深刻而广泛地存在着。

3. 从建筑空间到场所

一般认为，20世纪建筑学最重要的理论成果之一是对建筑空间的发现，人们对空间的研究也从布鲁诺·塞维的"欧几里德空间"发展到了舒尔茨的"存在空间"。

吉迪恩（Giedion）在其《空间·时间·建筑》一书中，将空间总共分成三种基本概念："最初的建筑空间概念是同产生自各种体量的力、体量间的各种关系以及相互作用有关，它是和埃及与希腊的发达联系在一起的，它们都是从体量产生的现象。二世纪建造的罗马万神庙穹顶，标志着打开第二种空间概念的突破口，从此之后建筑的空间概念基本上同挖空的内部空间是一视同仁的。第三种空间概念尚在摇篮时期，它主要是和建筑空间的内侧与外侧相互作用问题有关。"

舒尔茨认为吉迪恩提出的概念近于存在空间的概念，但他的想法在哲学上是不精确的。于是，对于建筑、空间、环境之间的关联度的感受是以人的心理认知为唯一途径的，而此种心理活动的过程与结果又源于客观的物质存在对人的视觉、触觉等刺激。因此，建筑与环境之间的种种关联最终还是以建筑的材料组织、造型组织等形式语汇及句法所构成的。

（二）场域尺度中的场所关联识别

尺度是建筑的空间语言中十分重要和微妙的组成部分。建筑中的尺度是基于与其他物体对比中人对整个建筑，一个房间或者建筑的一个部分的尺寸的概念。这对比物可以是具体的物，也可以是思想观念，比如我们对物体的大约尺寸的估计。尺度所研究的是建筑物的整体或局部给人感觉上的大小印象和其真实大小之间的关系问题，建筑的尺度是人对建筑的估计和衡量，因此尺度具有主观的特性。

1. 整体尺度的选择与判断

建筑尺度表达形式的选择是指建筑师在设计活动之初对建筑所处背景环境的认知以及在此基础上对建筑整体形态表达所采取的选择活动。它主要取决于地理气候因素以及所要表达的地域或文化特征影响力的强弱。例如在同一物理环境中，由于人的行为活动或功能需要的不同，纪念性建筑与居住建筑应当通过不同尺度形式来传递不同的信息，隶属于该物理环境的特征语汇则是依靠不同的尺度化强调被使用群体识别。而在不同的物理环境中，代表某种相同或相似的文化根源的行为活动的建筑语汇特征也是依靠不同的尺度形式所加以表达的。

这里谈到的尺度是指站在考察者的角度，对视点远近、范畴大小的划分标尺。建筑应该与周围的环境有正确的尺度联系，比如风景区的建筑尺度宜小不宜大，尺度大的建筑与开敞的环境相称等。从观赏者的距离来考虑的话，在远距离观赏的条件下，建筑是作为环境中的一个元素或者建筑群中的一员而存在的，这时候建筑设计应考虑的是整个形体的适宜和建筑轮廓的变化对天际线或者对建筑群的影响。

2. 外部感知与内在联系

鉴于"格式塔心理学"形质学派（the form-quality school）的观点"要素的综合里存在一种什么东西"，感觉要素的综合以上的东西，和综合是不同的，即局部综合而成的整体是具有超越局部本体所不具有的一些属性与特征的，也就是说，正是由于具有这样的全体性质，对于部分来说，应该强调全体优先。

从这一观点出发，基本认为场所内要素的关联是具有其尺度属性的，并体现一定的非数量和的级次关系。这样的"全体优先于部分"的观点，同语言领域里弗雷格提倡的"文本优先于句子"相符合，并为建筑创作中场所特征的体现贯穿于各个不同尺度级，从而为保证整体的特征传递提供了前提。观者的感官是由整体意向与局部的具体形象共同构成的，因此，从另一个层面加以理解，场所信息传递是整体与局部两个层面的综合，贯穿各种空间尺度的某种特征的综合作用是十分必要和有效的。

第四章 生态环境与室外活动空间设计的信息交换

首先，从场所信息传递的整体层面来看，处于大尺度自然空间背景下的视点以及环境的整体特征决定了建筑的尺度及造型特征。

对此，伦佐·皮亚诺认为"获得建筑真谛的唯一道路就是探求它的本源"。我们必须敬重历史，敬仰一切"场所精神"。

其次，作为建筑的重要特征，建筑出了需要积极参与与周边环境的对话，在其自身内部系统中，也急需体现空间的有机联系与整体性。拓扑关系、分形几何的建筑化运用正逐渐成为弱化空间尺度矛盾的有效手法，例如，尼古拉斯·格雷姆肖设计"伊甸园工程"（图 4-6），便利用了三维球体形态以及表面网架与膜结构的综合运用，以体现此种系统内部的有机性与相似性，而贝聿铭所设计的香山饭店（图 4-7），虽然很难被视为建筑，但却在加强建筑各个不同尺度空间的整体性方面采用了更为丰富的元素与设计手法，值得借鉴。

图 4-6 伊甸园工程　　　　图 4-7 香山饭店

在平面布局上，受到北方园林特征、山体、树林等特定条件的影响，建筑师将宾馆建筑所惯有的客房单元复制、并联构成的整体尺度打破，这遵循了语境决定尺度及空间组织形式的规律。随后，在任意一个分支的尺度上再次将其排列肢解，最终使客房部分形成两两一组的平面构成，这就形成了更多一层尺度级，其效果使得客人在其中步行穿越时，能够获得"步移景异"的感官效果。但同时尺度的细化也带来了一个矛盾，那就是如何利用形成贯穿不同尺度的场所特征，贝聿铭所采用的手法是大胆地重复使用两种最简单的几何图形，主要利用正方形和圆形。尽管在局部看来，正方形和圆形等抽象图形的使用并不具有十分强烈的文脉特征，并一直被认为是力贝氏所广泛采用图形或符号，但当正方形被贯穿使用在大门、立面洞口、空窗、漏窗、窗两侧和漏窗的花格、墙面上的砖饰、壁灯、宫灯等各个尺度的建筑语汇上时，甚至连道路脚灯的楼梯栏杆灯都是正立方体，而正方形又巧妙地与圆形组织在一起，则用在月洞门、灯具、茶几，宴会厅前廊墙面 装饰，南北立面上的漏窗也是由四个圆相交构成的，连房间门上的分区号也用一个圆套起来时，这种处理手法显然除带有强烈的个人印记，同时使不具有含义的局部与个体聚合在一起形成了较为强烈的地域文化特征。

另外，除了对同一母题或几何符号的重复利用，对中国传统庭院中景观处理的借鉴也成功促成为香山饭店在室外自然尺度与内部小尺度空间联系的重要手法。花园、树种、水池、假山在室内外空间随着行径路线的展开，使得建筑在空间上给人以有机、整体的暗示，人的感受并不以所处空间的实际物理尺度为中心，而是随着自然或自然化的视觉信息被连续起来。

3. 从表皮渗透到空间互涉

建筑的空间通常是以表皮或界面围合而成的，从而限定位于表皮两侧的空间的尺度。建筑随着生态、仿生、绿色等思想的引入，大多已将传统表皮发展为一种空间来处理，在赋予其某些技术功能的同时，将通常面的过渡转化为自然而生动的空间的引导与过渡。

在伦佐·皮亚诺设计的圣尼古拉体育场（图4-8）中，此种引导体现为在场观众与远处村落的双向视觉联系。皮亚诺在人们普遍认为是普世性的体育场设计中成功地引进了地域性特征，弗兰姆势敦对此描述道："从表面上看，体育场只能阅读为一种连接的工程解题，与文化内涵无甚关系，但是当你仔细进行考察它与周围的独特环境时，这种表面印象就会消除。"为此，建筑师把椭圆的混凝土看台放置在部分自然、部分人造的土地之上，就此把结构物与场地在地形和历史上结合起来，此外，把高起的座位看场周边分为26个悬挑的混凝土"花瓣"沿看台向外散开，既有利于体育场的内部分割管理，便于控制，又可以让观众及基地内的参观者随时看到内部的场地与远处的乡村景色，在视觉上把二者联系起来。

图4-8 圣尼古拉体育场

如果说圣尼古拉体育场是通过结构构件间的空当形成同为室外大尺度空间的视觉引导的话，那么 Rick Joy 在美国西部砂石旷野中设计的 Tubac 别墅（图 4-9）则可被视为利用将表皮或界面上的门窗洞口等视觉可穿越面垂直界面加厚为空间的视觉过渡，同时，此种过渡的效果在观者小范围移动时是可变的。

图 4-9 Tubac 别墅

Tubac 别墅水平向的隔墙切入到小山丘中，被两座混凝土外墙所限定，从砂石路上行驶而来，只能看到建筑的顶端悬浮在地平面上，到了夜晚，它就像抽象的发光体。两条简洁的建筑体围合出一个很大的下沉线性庭院空间。庭院的存在缓解了建筑身后空旷的背景，而两个主体则"裁剪"出了房屋主人最喜爱的 Tumacacaori 山峰的景色，位于表皮上的大大小小、高矮不一的窗口，多被从表皮上拉伸出来，其位置均有内部空间的功能以及主人的视点所决定，包括庭院内的水池与花坛，也利用了类似的处理手法，水面的倒影或呈现蓝天，或呈现暴露于自然的生铁建筑，位于庭院西端的带有锐角边缘的泳池则延伸了这样的视觉体验。我们不难发现，建筑师在类似的处理上均简化了窗、水池等构件在构造上的边，其目的就在于为了让当观者的视觉通过构件时感受到纯粹的自然。

对此，Rick Joy 说："我们坚持不懈地试图去创造一种有着地域文化特征的，根植于当地环境中的建筑，而不是去追随所谓的流行时尚或是某种历史风格。我相信我们可以从我们所继承的建筑中学到很多东西。但是忽略他们所产生的语境去解读它们会降低其重要性。学习也就只能停留于表面，从而限制我们自己质疑和创新的能力，而这恰恰创造出令人难忘的场所的关键"。建筑师在设计中对待环境的态度是基于一种感觉上的综合平衡，而不是纯粹的一切以环境为基础的环境至上主义，现在的生态学研究所引导的建筑设计经常会导致一种美学与技术上的保守，而Joy并不接受这种折中的态度。

4.尺度分解与品质异化

设计的任务是在新老环境之间形成自然转化，而不是突变。空间作为构成场所的基本要素，其形态与尺度是围绕着空间内事件的变化而演变的。无论从建筑与环境的内在关联的角度，还是从建筑自身系统演变的角度来看，建筑强调空间在时空两个维度上的连接性与适应性。而当空间的使用客体与事件的目的发生改变，建筑的尺度与目标之间形成矛盾，那么尺度也需要随即做出相应的适应性调整。

以某一时间点上，场所自身系统内空间组织方式为目的，拉维埃特公园（图4-10）（ParedelaVillette，Bernard Tschumi，Paris，France，1988）的设计为我们提供了很好的例证。

图4-10　拉维埃特公园

20世纪80年代以来，结合城市的改建，巴黎兴起了一股现代城市公园的建设热潮。城市公园出现于 19 世纪中叶，改善居民生活环境，减少城市污染将自然引入城市，以弥补城市不足的观点，受到市民的喜爱。20 世纪的城市园林失去了过去令人向往和供人消遣的特性，更缺乏影响人们生活的能力。为了适应城市改建新时代的需要，革新传统的城市园林并创建符合现代城市特征的园林，便成为巴黎新型公园建设运动的主导思想。拉维莱特公园便是在这样一个背景之下诞生的作品。

为了处理这个计划的不确定性与复杂性，又要掌握整个错综复杂的基地，伯纳德·屈米在公园放进几个层层铺设的建筑系统，每个系统都在公园中扮演一定的角色。公园设计实际上是"点""线""面"三个迥然不同的系统的叠合，每个系统包含不同的活动尺度，"面"用以组织大型开放空间，"线"形成贯穿公园的线路，"点"用以容纳公园里各种各样的小型区域性活动。尺度在这里被层层划分，而它们的相互叠加形成了丰富的富有戏剧性效果的场所。

特别是在"点"元素的布置上，建筑师引用了"电影景观"或"隧道效应"的设计手法，从而形成了布满整个公园空间呈方格网布置的间距 120 米的一组"游乐亭"所构成的立体的连续的景观。同时接纳园内各种人群的活动，"转变及运用""拆散和分离""重叠与并和"的手法，强调打散和分散的力量。21 世纪的公园已无法与城市分离，必须变为城市景观的一部分。作为一个当代的公园必须是一个活动的场所，不能只提供休息或娱乐的行为。

（三）空间形态中的场所关联体验

发展中的建筑在复杂学科和生物学的冲击下，在形态特征上出现了重大突破。但揭开其华丽绚烂的表现主义的外观，就其表现目的来看，却与赖特所秉持的有机观点如出一辙，它所强调的也是"建筑应当由内而外，目标是整体性、稳定性与不可复制性；建筑应该是自然的，要成为自然的一部分"。所以，从这一点上来看，新建筑的形式表现主义是对传统有机思想的继承与其技术手法上的变异。新建筑在建筑形态中回避了古典式的对称，在平面和立面中抛弃了"盒子"，创造了全新的空间概念——流动空间，并开辟了新材料和结构方式的使用途径。其目的是巩固与强调建筑和环境、建筑语汇和语境的联系与可持续性，这也正符合场所构成的要求。

1. 形体与状态的描摹

建筑作为一种发展、演变、包容的设计倾向，令人联想最多的便是建筑师在设计过程中对自然界有机生命体的外在实体模拟。虽然是对当今建筑发展方向的片面的、狭义上的理解，但无疑已经成为一个重要的分支。实体模拟往往是建立在对存在于自然界的模拟对象，譬如水体、生物或是其他自然景物的组成分析、形态转化和材料重构的基础上。

特定的环境下，生物体的自然生命形式往往能够准确恰当地反应此种环境的特征以及生命形式所独有的环境适应能力。生物经过进化具有了对环境极强的适应能力，虽然建筑可能在机能上不能与生物相比拟，但生物化与自然化的形式往往是对环境背景较为理想的应对方式。在这个基础上，利用现代模拟技术进而使建筑具有某种与生物机能相似的功能。

2. 功能传统的全新阐释

"形式追随功能"是美国建筑师路易斯·沙利文提出的名言，它使用于现代建筑，同样也使用于建筑，但这句话常常被曲解。有些建筑师认为沙利文的论述意为对于任何给定的功能，只存在一种相应的形式，其实他们误解了沙利文的原意，即应当将形式与功能与场所结合起来，并作为整体设计过程的一部分。

该住宅既结合了默科特三十多年来的设计经验，体现出了它的许多设计理念与手法，又包含了他晚年对当地土著文化特色及人们生活方式所取得的调研成果。住宅是为一土著业主设计的，业主受四至六万年前形成并一直延续至今的一套土著文化体系的影响较大，他认为他的"同胞们"在若干年前并没有什么房子可住，而是栖身于用树皮搭盖的棚子里，以免受日晒、昆虫侵扰、避湿气。正是由于业主对这种原始的居住方式的缅怀，所以默科特通过与业主交流及共同生活，通过广泛阅读有关土著文化的资料并分析他人为业主所做方案失败的原因，才设计出了这座能适应当地复杂的社区文化的澳洲住宅。

首先，由于当地土著居民与土地有着深厚的、密切的、和谐的关系，这种关系体现在精神层面、现实层面、社会层面、审美层面及文化层面之中，所以默科特在该住宅中采取了辛普森·李住宅中所采用的仅用支柱承重、整座建筑抬离地面的建筑形式。其次，该住宅的平面设计受到当地土著居民生活方式及文化背景的影响也较大：(1) 浴室布局：一般来说，当地的独家住宅必须设两个浴室——一个位于公共区，另一个是为女士们专门准备的，与公共区分开，位于住宅深处；(2) 卧室布局：由于受太阳东升西落的自然现象的影响，土著居民常把小孩放在东边，父母卧室放在西面；(3) 入口位置：土著居民一般从侧面进入建筑。从平面中可以看出，该住宅的浴室、卧室及入口位置的摆放都是受到了以上土著居民的空间观及生活方式的影响。

海厄特基金会主席托马斯，J·普利茨克（Thomas J PriUker）说："格伦·默科特与我们看到的大多数建筑师不同。他的作品规模都不大，材料也很平常，更谈不上奢华，他吸收了北欧建筑师阿尔托与德国建筑师夏隆的设计精华。实际上，他的设计是在澳大利亚的地理、气候条件下锻炼出来的"。

3. 从腔体塑造到空间隐喻

隐喻作为一种极具普通和重要意义的思想情感表达方式，在文学艺术中起到了很大作用，同样在空间和场所的设计中也具有很大的优势。建筑的隐喻是通过场所传递给人的，场所是人和环境情感交流的桥梁，是环境对人的胜利和心理交互作用的结果，同时场所的隐喻也是人通过认识环境本身，显示出的精神和心理、情感态度或某种认知关系。从建筑语义学的角度来看，空间隐喻往往是将具有特殊含义的其他领域的形式语汇转化生成新的建筑空间的做法，由于建筑的图纸可读性与现实的空间存在感受之间存在一定的转移过程，则实际生成的空间是需要多维度地重复这一手法，以便构成感受群体在穿梭于空间时对建筑所传递的精神信息的统一性进行主动的体验与解读，最终形成与隐喻对象的联系认知。

安东那卡基斯事务所在雅典设计的贝纳基公寓被视为批判的地域主义的体现，其剖面关系与立面设计又可被认为是本土文脉在建筑空间中的隐喻性表达。贝纳基公寓把希腊岛屿乡土建筑中的迷宫式路径插入支撑的混凝土结构的正交网格中的内部空间处理，可以理解为皮吉奥尼斯的沿地形蜿蜒的途径与康斯坦丁尼迪斯的普世性方格网的组合。同时，由内部空间反映在立面上层叠错落的阳台为邻里之间提供了某种传统的立体化的交流方式。

隐喻包括本体、喻体及隐喻方式，观者通常是通过对本体特征的认知从而联想到相应的喻体，从而构成空间隐喻的意义所在。在柏林爱乐音乐厅的设计中，复隆正是利用这一关系，将建筑处理为"音乐的容器"，从空间形态特征与功能的双重意义上满足了一座以音乐为主体的建筑的需要。音乐厅的外观神似某种复杂乐器的外壁，在环境中清晰地明确了建筑的功用。在内部观众厅的设计中，2218个座位被成组地布置在不同标高的台阶上，全场观众席围绕舞台展开，空间看似含混，实际上却平静而定。个人与整体保持有机的一致，同时个体又容易形成区别于他人的领域感，使观众像乐器的构件般一同参与到演奏之中，而正是这种富有秩序感的内部空间形成了如同乐器本身的极好的音效。

设计中，夏隆始终坚持的一个基本概念就是人的活动要形成场所，而场所的性质和意义是有联系的。不规则大厅对观众的引导作用好似乐器对声音的控制与释放，人们身在其中，通过空间和时间的运动，体验到一种神秘的"场"的存在。柏林爱乐音乐厅以其特殊的空间成为抽象隐喻的杰作，使人造环境变得更有意义。

4. 界面的模糊与消散

自赖特所提出的建筑到今天的新建筑的漫长演变过程中，建筑师通常以在设计中巧妙地处理建筑以及环境的融合关系为首要任务。建筑的界面作为这一过程中的重要组成部分，一直受到建筑师敏感的关注，特别是建筑师对界面的处理往往慎之又慎的建筑界面和表皮设计关系到建筑的自身形态、空间能否与环境建立某种程度上的对话关系。

与前文中所提到的 Kick Joy 设计的 Tubac 寓所强调界面或表皮的存在，从而形成视觉过滤效果的表皮空间的强化处理方式不同，界面的弱化甚至消亡似乎更关注空间的本质，抛弃媒介，以室内外空间的直接联通为目的。

以印度建筑师多西所设计的胡珊画廊（Husain-Doshi Gufa, Balkrishna Vithaldas Doshi, Ahmedabad, India, 1995）为例，它是以人在二维空间中的视觉、触觉神经的刺激达到建筑与自然环境的空间结合。

对胡珊画廊与周边环境对话关系的解读，甚至可以深入到建筑的底界面即平面的关注。体验者从树林进入场地、穿过洞口，最终深入建筑内部的过程中，地面的材料在不经意间进行着自然的过渡。甚至在到达室内后，从天栅至墙壁，再到地面的整体性，更是模糊了人作为感知主体对建筑的传统认知。建筑界面的连贯实际从进入场地之前便已悄然开始。由此，建筑师在设计构成中利用对球形母体或是有机体的空腔构造对各个界面的模糊最终形成了人们对画廊自环境中自然生长出来的感受。界面在这里无限蔓延，融入天地之间。

胡珊画廊的建筑入口与空内的采光口同为圆形，是对平面的圆形母体在表皮上的减法应用。在这里尽管尺度大小不同，却都被观赏者统一为"洞口"的认识，有效的统一了光与人的行为的进入，而模糊了对构件元素本身的认识。

5. 意念化的光容器

对于建筑而言，光似乎以其自然属性承载着更多场所化的认知。

建筑与光的关系，自古以来就在不断地被建筑师从不同角度探寻着。现代建筑对于光之重要性，柯布西耶、路易斯·康、密斯等现代主义大师都有过各自的论述。光与空间构成了建筑的永恒主题，它使建筑成为为之舞蹈的容器。在物质空间中，我们认为建筑的空间限定是通过各种界面的围合而成，而界面的表达却是由光的反射、折射、散射以及光的强度等物理性质所塑造的。

以安藤忠雄设计的光之教堂（图4-11）为例（Church of Light, Tadao Ando, Ibaraki, Japan, 1987-1989）。教堂因准确而精炼地表达了光的存在以及对建筑空间的制约作用成为安藤忠雄的经典作品之一，光的教堂位于大阪城郊茨木市北春日丘一片人口不太密集的住宅区中，是现有一个木结构教堂和牧师住宅的独立式扩建。为了与街道和现有建筑相结合，光的教堂采取了简洁的长方形平面，外加一道斜向的高墙对其切割，光在教堂中的作用来自三个方面的处理。

图 4-11 光之教堂

首先，位于圣坛后的混凝土墙面上细长的十字形的开口将光线引入，光线由此射入主体空间，在视觉上形成了强烈的剪影效果，从而形成著名的"光的十字"。宗教的符号在这里似乎并不是建筑师通过结构处理表达出来的，而是被光切割而成，营造了神圣而庄严的宗教氛围。

其次，斜墙不仅分割了空间，并把柔和的发射光渗透到教堂后部，满足了功能使用上所需要的平静与亲和。

再次，建筑内部极为简朴的地面、家具处理以及素混凝土墙面由于光的作用，保留了粗糙的质感，表达了建筑师所着力表现和强调的抽象自然，空间的纯粹性和洗练诚实的品质。

从空间形态的角度来看，虽然"光之教堂"相对封闭，具有经典几何特征，然而对光和材料的成功运用却弱化了我们对其现代建筑的解读，我们很难对这种浑然而成的内部整体性进行肢解，而此中整体性正是建筑所强调的，它构成了我们对场所感官认知的主体。

因此，光是具有精神性的空间组织元素，即场所环境的核心。正是由于光线的存在，我们才能够感知到空间与环境间的连续性以及建筑系统内部自律的整体性。

第四节 建筑室外空间处理

一、建筑外部空间的分类

建筑外部空间按使用性质分,大致可分为以下几类:

1. 活动型:这种类型的外部空间一般规模较大,能容纳多人活动。
2. 休憩型:这种类型的外部空间以小区内住宅群中的外部空间为多,一般规模较小,尺度也较小。
3. 穿越型:城市干道边的建筑及一些大型的观演、体育建筑常有穿越型的外部空间,或者是城市里的步行通道或步行商业街。如上海市的南京路步行商业街,广州市的北京路步行商业街,步行商业街和花园街人行道,其间点缀绿化、小品等,既可穿越,也可休息,也可活动,可以说是多功能的外部空间了。

二、创设以人为本的建筑外部空间

换句话说,外部空间就是建筑物之外的、为人创造的、有目的的外部环境。

功能与分区建筑外部空间作为开放的空间,具有一定的功能要求。

建筑外部空间按功能分为人的领域,及除人之外包括交通工具的领域。而要获得舒适的人的逗留空间,就需要以限定空间的手法创造一定的封闭感,利用标高的变化及墙的运用均可以得到不同程度的封闭感。同时,作为外部空间,它不同于内部空间,它应该具有开敞,流动的特点,意念空间的设计也是限定区域的重要手段。

现代城市空间是为生活在城市中普通的人们设计的,这些普通的人是具体的,富有人性的个体,而不是抽象的集体名词"人民"。场所或景观不是让人参观的,而是供人使用、让人成为其中的一部分。现代人文地理学派及现象主义景观学派都强调人在场所中的体验,强调普通人在普通的、日常的环境中的活动,强调场所的物理特征、人的活动以及含义的三位一体性。这里的物理特征包括场所的空间结构和所有具体的现象;这里的人则是一个景中的人而不是一个旁观者;这里的含义是指人在具体做什么。场所、景观离开了人的使用便失去了意义,成为失落的场所。我们怀念没有设计师的公共场所,那是浪漫的、自由的、充满诗意的,或是艰辛的、可歌可泣的;那是朴素的且具功用的;那是自上而下的,人的活动踩踏和磨炼出来,根据人的运动轨迹所圈划的;那是民主的,人人都认同,人人参与的物化形态;是人所以之为归属的，刻入人的生命历程和人生记忆的——那随自然高差而铺就的青石板，那暴露着根系的樟树，那深深刻着井绳印记的井圈，还有缺了角的条石座凳。这些场所归纳起来都有以下几大物质特点：① 它们是最实用的，而且能满足多种功用目的。② 它们是最经济的，就地取材，应自然地势和气候条件，用最少的劳动和能量投入来构筑和管理。③ 它们是方便宜人的。④ 它们都是有故事的，而且这些故事都是与这块场所和这块场所的使用者相关的。所有这些都构成了公共场所的美。

　　城市规划在建筑外部空间设计中的重要地位。我国在进行城市规划时，往往偏重于城市平面的规划设计。其实，在进行城市规划设计时，不仅要重视平面规划，更要重视规划建筑外部空间、规划城市轮廓线景观。例如，一个小型的城市或市镇，可规划设计一条或两条城市轮廓线景观，使所有建筑外部空间和环境具有一个或两个中心主题，以这一、两个中心主题为核心，那么这个城市的轮廓线景观和城市建筑空间与环境就会重点突出，井然有序，优美怡人。如果是大型城市，就要规划设计多个主题内容不同、富有变化、相互呼应、对比强烈或是和谐统一的城市轮廓线景观和建筑空间，则可显出这个城市蓬勃的生命力，丰富的生活色彩，多样的城市内容。

　　建筑外部空间的规模与尺度受城市规划，日照及不同的生活习惯所影响。其尺度的不同给人以不同的感受。建筑师应该利用这种尺度的差异来创造不同的丰富的建筑外部空间形态。建筑外部空间作为开放的空间，具有一定的功能要求。大致可分为：① 边界区，即与邻近土地相连的界区；② 停车场道路系统区；③ 步行区；④ 建筑群中的开敞空间；⑤ 小区庭院等。

三、建筑外部空间体现人性化

　　当设计是为了生活、为了内在人的体验；当设计师成为一个内在者而融入当地人的生活；当设计的对象具有功用和意义时，我们方可重归人性的场所。为此，设计师应该：

（一）认识人性

　　人作为一个自然人和社会人，他们到底需要什么：人需要交流，害怕孤独；人需要运动，需要坐下休息；人离不开水，人也爱玩火；人爱采摘和捕获；人需要庇护和荫凉，需要瞭望，看别人而不被别人看到；人需要领地，需要适当尺度的空间；人需要安全，同时人需要挑战；人爱走平坦的道路，有时却爱涉水、踏丁步、穿障碍、过桥梁；人要恋爱、要被人关注、同时喜欢关注别人。因此，需要设计的场所能让人性充分发挥。

（二）阅读大地

大自然的风、水、雨、雪，植物的繁衍和动物的运动过程，灾害的蔓延过程等等，都刻写在大地上，因此大地会告诉你什么地方可以有树木，什么地方可以有水体；大地也告诉你什么格局和形式是安全与健康的，因而是吉祥的，什么格局是危险和恐怖的，因而是凶煞的。同时，大地景观是一部人文的书：大地上的足迹和道路，门和桥，墙和篱笆，建筑和城市，以及大地上的纹理和名字，都讲述着关于人与人，人与自然的爱和恨，人类的过去、现在甚至未来。因此，阅读大地是在认识自然，而更重要的是认识人自己。

（三）体验生活

体验当地人的生活方式和生活习惯，当地人的价值观。如果你不到都江堰的江边林下坐上一天，就不明白为什么成都被认为是中国最悠闲的城市；如果你不搭一回北京街上的出租车，就不理解北京作为"政治中心"的含义；如果你不到温州街头走走，你也不知道"全民皆商"的意味；如果你不经历青藏高原的缺氧，也就不能理解为什么这里的人会成为释迦牟尼的选民。只有懂得当地人的生活，才会有符合当地人生活的公共空间的设计。

（四）聆听故事

故事源于当地人的生活和场所的历史，因此要听未来场所使用者讲述关于足下土地的故事，要掘地三尺，阅读关于这块场地的自然及人文历史，实物的或是文字的。由此感悟地方精神：一种源于当地的自然过程及人文过程的内在的力量，是设计形式背后的动力和原因，也是设计所应表达和体现的场所的本质属性。这样的设计是属于当地人的，属于当地人的生活，当然也是属于当地自然与历史过程的。

四、建筑外部空间设计风格的运用

为了获得宜人、丰富的外部空间，仅仅一种手法是不够的，需要多种手法的综合运用。

根据不同的建筑以及不同的环境需要综合运用不同的手法。

（一）空间的延伸和渗透

内外空间及外部空间的相互延伸及渗透是空间的连续和相互作用造成的时空的连续。如漯河的沿河游园，借助两条河流，做到水中有景，景中有水，是典型的空间延伸和渗透手法的运用。

（二）层次与序列

要创造有秩序而丰富的外部空间，就要考虑空间的层次。而对于运用空间就要有空间导向，就要有序列，有高潮和过渡。外部空间的序列通常表现为"开门见山"和"曲径通幽"两种。建筑要求其造型优美、高低错落，前后要有层次感和周围的环境相互呼应，或强烈对比，或和谐统一，或与自然环境融为一体。

（三）建筑尺度的处理

建筑作为外部环境的主体其本身的尺度必须有适应人体尺度的过渡。建筑本身需要以一个较大的尺度去适应其所处的大环境，又要以一个较小的尺度去满足其本身的外部环境。特别是建筑相互之间要注意建筑空间和环境的呼应与融合，在尺度、比例、造型对比等方面要彼此成景，又浑然一体。所以建筑物应该具有多层次的尺度关系。

（四）小品及雕塑的运用

在建筑外部环境运用中，小品及雕塑的运用常常能起到画龙点睛的作用。如贝聿铭先生设计的美国国家美术馆东馆门前的雕塑。有时，雕塑或小品往往就是环境的主题。如南京市南京大屠杀纪念广场的主题雕塑等等。

建筑外部空间是指建筑与周围环境，城市街道之间存在的空间，它是建筑与建筑，建筑与街道或城市之间的中间领域，是一个有秩序的人造环境。随着社会经济的发展，建筑业空前繁荣。向人们提供优美的外部空间是历史的必然，它不同于历史上的私家园林，它是归还给人们属于自己的诗意空间和栖息之所。同时，作为一名建筑师，对于建筑外部空间的重视也应像对建筑内部空间一样，让人们能感受到内外一致的贴切关怀。随着经济发展和人的生活质量都在不断提高，人们对建筑外部环境的要求也在不断提高，这就要求作为一个建筑设计工作者要更加精益求精，力求在城市建筑环境的各个方面都能满足人们的需要。

五、建筑室外的空间处理

（一）自然空间与意境空间的融合

从现代建筑空间的概念看，建筑庭园空间并不是人为地创造了物质空间，而只是人为地分隔了自然空间。庭园的景要顺应自然，也要富于意境，这样才能获得良好的组景效果。使庭园空间获得自然与意境的统一。组景效果的取得，一般取决于庭园组景的主题中心。利用因借、渗透、隔断、延伸、对比等手法，在某种意境的主宰下，塑造出各异其趣的景效。

1. 围闭与隔断

将庭园景物围成一定封闭程度的空间。是庭园组景的常见方式。这种方式成为庭园组景的围闭法。方式之一，用建筑物围闭。方式之二，用墙垣和建筑物围闭。方式之三，借组景。藏而又露，形成景中有景。其二，将庭园内的景物，组织引导到室内，使内外空间呼应，增加深度。其三，将园外景色。引入庭园空间，借自然风貌于廊前檐下，扩大了庭园的空间深度。

2. 对比的手法

大小、虚实、藏露、深浅就是创造意境空间的几种基本的对比手法。通过对比，使景物给人以更为鲜明的感受；通过对比，使庭园空间的尺度、气势、层次、深度被强调出来。

3. 光影的手法

一是水面本身的波光、光影漂浮，使空间在波光中得到生气。二是景物在水面的倒影，不仅增添了水景的情趣，也为庭园景色提供了垂直空间的特有层次感。三是波光的反射。这是水面独有的特征，光通过水的反射映在顶面和墙面上，具有闪亮的装饰效果。

（二）静态空间和动态空间的承接

静观赏点周围的静态视觉空间和动观赏点周围扩散的动态视觉空间，两者共同构成了庭园的视觉空间。

1. 静观赏点与静态观赏空间

庭园空间中的静观赏点是驱使视觉前进的动力。静态观赏空间是表达庭园空间设计意图的一个重要手段。静观赏点的设计核心就是要留住人，主要手段有：① 观赏者适宜的观赏情绪；② 合适的观赏条件；③ 空间的变化之处常作为观赏点；④ 游览路线的转折或交叉点处常作为静观赏点；⑤ 庭园景物的最有利表现处常作为静观赏点；⑥ 主要公共空间面对庭园的开敞处常常作为静观赏点。

在静观赏点周围必须存在一个或几个经过组织的有较完整构图的景象。在进行静态观赏空间创造时应注意：第一，庭院中每种景物都有其特殊的造型规律，要求在组织中灵活掌握；第二，除了注意每种景物本身造型要求之外，还要注意景物与景物相互搭配的规律；第三，庭园中的景物设计和建筑空间环境配合也是搞好静态观赏空间设计的一个环节。

2. 动态视觉空间与建筑空间序列

动态视觉空间不仅起到统一庭园视觉空间本身的效果，也是庭园空间和建筑空间序列联系起来的纽带。在整个序列中，建筑空间以人的视点的移动和庭园空间结合起来。

给人一种建造在同一自然景色当中的整体感觉。总结起来，视觉空间与建筑空间序列的处理有3点：① 利用动态视觉空间使得庭园和建筑自然过渡；② 利用动态视觉空间把整个建筑的室内空间和各个庭园空间及城市环境有机结合起来，取得统一调和的效果；③静观赏点的设计和空间组织必须和动态视觉空间有机结合，空间分布要有抑有扬，聚散自然，起承转合，段落分明。

3. 建筑与庭园空间的尺度处理

庭园组景是否得体。静态空间与动态空间是否合宜。是通过人的视觉器官鉴赏的。对庭园空间的尺度有了从大到小的整体把握，才可能获得好的观赏效果。庭园空间尺度的确定，除需满足基本功能外，很大程度取决于有效地适应人的视觉规律。

另外人们对于庭园空间的观赏，不是单凭视觉取得。而是几乎触及全部的感觉器官，并通过主观思维进行的。景物的形色声光味都直接影响到空间的尺度感。阴暗空间再大也不为人获得开敞的感觉。狭窄的有声光的动态空间反而使人不觉得局促。

现代公共建筑庭园空间的处理与景物的组织手法，应该是多样化的。不能固守一格，对于传统手法的运用。应该是灵活的、发展的、创新的。总之，我们应该合理而恰如其分地组织好庭园空间和建筑空间以至城市环境空间的关系，为人们创造优美宜人、风格多样的建筑环境。

第五章 生态美学在室外活动空间设计中的构建

第一节 生态美学概念

一、生态美学的产生背景

生态美学产生于后现代经济与文化背景之下。迄今为止，人类社会经历了原始部落时代、早期文明的农耕时代、科技理性主导的现代工业时代，以及信息产业主导的后现代。所谓后现代在经济上以信息产业、知识集成为标志。在文化上又分解构与建构两种。建构的后现代是一种对现代性反思基础之上的超越和建设。对现代社会的反思是利弊同在。所谓利，是现代化极大地促进了社会的发展。所谓弊，则是现代化的发展出现危及人类生存的严重危机。从工业化初期"异化"现象的出现，到第二次世界大战的核威胁，到20世纪70年代之后环境危机，再到当前"9·11"为标志的帝国主义膨胀所造成的经济与文化的剧烈冲突。总之，人类生存状态已成为十分紧迫的课题。

生态学的最新发展为生态美学提供了理论营养。后现代语境中产生的当代生态学又被称为"深层生态学"，首先由挪威哲学家阿伦·奈斯在1973年提出。深层生态学旨在批判和反思现代工业社会在人与自然关系上出现的失误及其原因，把生态危机归结为现代社会的生存危机和文化危机，主张从社会机制、价值体系上寻找危机的深层根源，以深层思考在生态问题上人类生活的价值和社会结构的合理性问题。

自我实现原则是深层生态学追求的至高境界。深层生态学的"自我实现"概念中的"自我"与形而上学的一个孤立的、与对象分离的自我有根本区别，与社会学所追求的人的权利、尊严、自由平等以及所谓的幸福、快乐等都是以个人为基点的自我也不同。奈斯用"生态自我"来突出强调这种自我只有纳入人类共同体、大地共同体的关系之中才能实现。深层生态学讲的"自我实现"的过程是人不断扩大自我认同对象范围的过程。即在大自然之中，不是与大自然分离的孤立个体；作为人的本性是由与他人，与自然界中其他存在者的关系所决定。当把其他存在者的利益视为自我的利益，方能达到所谓的"生态自我"境界。

当今世界，人类面临的危机已经具有全球的性质。第一，对自然生态系统的任何局部破坏，都会对整个自然生态系统产生决定性的影响，因而都威胁着人类的生存。第二，任何个人的生存都必然依赖于"人类"的生存，如果失去了人类的生存条件，任何个人都不可能生存下去。第三，解决困境的出路也只能是全人类的统一行动，任何局部的个人、民族和国家都不可能单独解决这一全局性的问题。因此，价值观和伦理观需要实现从个人本位向人类本位的转变。

生态中心平等主义是深层生态学的另一准则，其基本含义就是指：生物圈中的一切存在者都有生存、繁衍和体现自身、实现自身的权利。在生物圈大家庭中，所有生物和实体作为与整体不可分割的部分，它们的内在价值是均等的，"生态"与"生命"是等值的、密不可分的，生存和发展的权利也是相同的。人类作为众多生命形式中的一种，将其放入自然的整个生态系统中加以考察，并不能得出比其他生命形式高贵的结论。用马斯洛的话就是："不仅人是自然的一部分，自然是人的一部分，而且人必须至少和自然有最低限度的同型性（和自然相似）才能在自然中生长……在人和超越他的实在之间并没有绝对的裂缝。"

总之，当代生态学——深层生态学所提供的的理论资源，为生态美学的产生与发展提供了极为丰富的营养。生态美学是在20世纪80年代中期以后，生态学取得长足发展并逐步渗透到其他各有关学科的情况之下逐步形成的。

后现代文化形态为生态美学的产生奠定了必要的前提。根据托马斯·伯里的观点，后现代文化体现的是一种生态时代的精神。他认为"在具体化的生态精神出现之前，人类已经经历了三个早期的文化—精神发展阶段：首先是具有萨满教（Shamamic）宗教形式的原始部落时代（在这个时代自然界被看作神灵们的王国）；其次是产生了伟大的世界宗教的古典时代（这个时代以对自然的超越为基础）；再次是科学技术成了理性主义者的大众宗教的现代工业时代（这个时代以对自然界实施外部控制和毁灭性的破坏为基础）。直到现在，在现代的终结点上，我们才找到了一种具体化的生态精神（同自然精神的创造性的沟通融合）"。如果考虑经济因素和其他条件，可以认为，后现代信息经济社会超越了以科技理性为主导的工业时代社会，这是走向生态平衡和协调发展的生态精神时代。

生态美学的产生还同20世纪70年代末、80年代初欧美美学与文学理论领域所发生的"文化转向"密切相关。众所周知，从20世纪初期形式主义美学的兴起开始，连绵不断地出现了分析美学、实用主义美学、心理学美学等科学主义浪潮，侧重于对文学艺术内在的、形式的与审美特性的探讨；而到20世纪70年代末至80年代初开始再现对当前政治、社会、经济、文化、制度、性别、种族等人文主义美学的浓厚兴趣。正如美国美学学者加布里尔·施瓦布所说："美国批评界有一个十分明显的转向，即转向历史的和政治的批评。具体来说，理论家们更多关注的是种族、性别、阶级、身份等等问题，很多批评家的出发点正是从这类历史化和政治化问题着手从而展开他们的论述的，一些传统的文本因这些新的理论视角而得到重新阐发。"美学在新时代的这种"文化转向"恰恰是后现代美学的重要特征，这就使关系到人类生存与命运问题的探讨必然进入美学研究领域，成为其重要课题，从而为生态美学产生提供必要条件。

二、生态美学的概念

生态美学，就是生态学和美学相应而形成的一门新型学科。生态学是研究生物（包括人类）与其生存环境相互关系的一门自然科学学科，美学是研究人与现实审美关系的一门哲学学科，然而这两门学科在研究人与自然、人与环境相互关系的问题上却找到了特殊的结合点。生态美学就生长在这个结合点上。

作为一门形成中的学科，它可能向两个不同侧重面发展，一是对人类生存状态进行哲学美学的思考，二是对人类生态环境进行经验美学的探讨。但无论侧重面如何，作为一个美学的分支学科，它都应以人与自然、人与环境之间的生态审美关系为研究对象。

对于生态美学有狭义与广义两种理解。狭义的生态美学着眼于人与自然环境的生态审美关系，提出特殊的生态美范畴。广义的生态美学则包括人与自然、社会以及自身的生态审美关系，是一种在新时代经济与文化背景下产生的有关人类的崭新的存在观。生态美学将和谐看作是最高的美学形态，这种和谐不仅是现实的和谐，也是精神上的和谐。它是在后现代语境下，以崭新的生态世界观为指导，以探索人与自然的审美关系为出发点，涉及人与社会、人与宇宙以及人与自身等多重审美关系，最后落脚到改善人类现实的非美的存在状态，其深刻内涵是包含着新的时代内容的人文精神，建立起一种符合生态规律的审美的存在状态。这是一种人与自然和社会达到动态平衡、和谐一致的崭新的生态存在论美学观。

生态美学看生命，不是从个体或物种的存在方式来看待生命，而是超越了生命理解的局限与狭隘，将生命视为人与自然万物共有的属性，从生命间的普遍联系来看待生命。美无疑是肯定生命的，但是与传统美学的根本不同在于，生态美学说的生命不只是人的生命，而是包括人的生命在内的这个人所生存的世界的活力。其审美标准由以人为尺度的传统审美标准转向以生态整体为尺度。原野上的食粪虫美不美？依照传统的审美标准，人们认为他们是肮脏的、恶心的、对人不利的；依照生态美学的审美标准，它们是值得欣赏和赞美的美好生灵，因为它们对原野的卫生意义重大，因为它们是生态系统中重要的环节。"高峡出平湖"美不美？过去我们习惯于欣赏这类宏伟的工程，说到底是欣赏我们自己，却很少将这种大规模的破坏生态环境、严重违反自然规律的人造"美景"放在生态整体中考察。从生态美学的角度去看，那是最可怕的丑陋。卡尔森说得好："生态美学既然是'全体性美学'（universal aesthetics），其审美标准就必然与以人（审美主体）为中心、以人的利益为尺度的传统美学截然不同。生态美学的审美，依照的是生态整体的尺度，是对生态系统的秩序满怀敬畏之情的'秩序的欣赏'（order appreciation），因此这种审美欣赏的对象，很可能不是整洁、对称的、仅仅对人有利的，而是自然界的'不可驾驭和混乱'（unruly and chaotic）。"

生态美和其他形态的美如自然美、社会美、形式美、艺术美一样，是人的价值取向和某种客观事物融合为一的一种状态或过程，但生态美也不同于其他形态的美。美的形态的区分，主要依据产生美的客观事物，如自然山水、社会生活、艺术，而生态美产生的客观基础是生态系统。生态系统是非常复杂的系统，不仅有自然事物，也包括社会事务；不仅指自然环境，也包括人造环境。种种不同的事物所构成的生态系统的外观可以说是形式多样、内涵丰富。

生态美学是生态学与美学的有机结合，实际上是从生态学的方向研究美学问题，将生态学的重要观点吸收到美学之中，从而形成一种崭新的美学理论形态。生态美学从广义上来说包括人与自然、社会及人自身的生态审美关系，是一种符合生态规律的当代存在论美学。它产生于20世纪80年代以后生态学已取得长足发展并渗透到其他学科的情况之下。1994年前后，我国学者提出生态美学论题。2000年底，我国学者出版有关生态美学的专著，标志着生态美学在我国进入更加系统和深入的探讨。

所谓后现代在经济上以信息产业、知识集成为标志。

我国在经济上处于现代化的发展时期，但文化上是现代与后现代共存，已出现后现代现象。这不仅由于国际的影响，而且我国自身也有市场拜金、工具理性泛滥、环境严重污染、心理疾患蔓延等等问题。这样的现实呼唤关系到人类生存的生态美学诞生。

生态美学以当代生态存在论哲学为其理论基础。生态学是于1866年由德国生物学家海克尔提出，属自然科学范围。1973年，挪威哲学家阿伦·奈斯提出深层生态学,实现了自然科学实证研究与人文科学世界观的探索的结合,形成生态存在论哲学。这种新哲学理论突破主客二元对立机械论世界观,提出系统整体性世界观;反对"人类中心主义",主张"人——自然——社会"协调统一;反对自然无价值的理论,提出自然具有独立价值的观点。同时,提出环境权问题和可持续生存道德原则。

生态美学是一门正在建设中的新兴的学科,从产生到现在只有十几年的时间。2010年7月出版的曾繁仁先生的《生态美学导论》是一部新时期生态美学研究的最新的重要成果,这部论著全面地、系统地论述了生态美学的产生与内涵以及国内外生态美学的资源,并提出了对生态美学建设的反思。这部《生态美学导论》使生态美学这门学科更加周延、完备并更有说服力。

三、生态美学的研究对象及内容

为生态美学定位,最基础的还是要关注它的研究对象和内容,确定了这一点,也就等于基本上确定了它的坐标,确定了它的位置。生态美学,作为生态学和美学相交叉而形成的一门新型学科,具有一定生态学特性或内涵,当然也具有美学的特性与内涵。生态学是研究生物(包括人类)与其生存环境相互关系的一门自然科学学科,美学是研究人与现实审美关系的一门哲学学科,然而这两门学科在研究人与自然、人与环境相互关系的问题上却找到了特殊的结合点,生态美学就生长在这个结合点上。研究这样一种关系,实际上也就需要一种生态存在论的哲学思想,一种看待这一关系的眼光和视野。生态美学对人类生存状态进行哲学美学的思考,是对人类生态审美观念反思的理论。

黑格尔认为哲学以人类的思想为对象,因为思想是认识绝对理念的最高的和唯一的方式。对思想的把握只能通过反思来进行,他在《小逻辑》中指出,反思以思想本身为内容,力求思想自觉具有思想。海德格尔也认为哲学的研究对象是"在",而不是"在者"。美学属于哲学性质的学科,生态美学作为哲学美学的概念和体系,系统整合了各方面的生态思想和观念,形成了一种精神理念或思想意识形态。从这个意义上说,生态美学以人的生态审美观念为研究对象,目的在于反思传统的审美观念,确立新的生态审美观。美学是形而上之思,而不是形而下的探讨。如果把生态美学当作实用美学来研究,只能降低生态美学研究的意义所在,也就不能在思想和观念层面上来真正认识生态对于整个人类生命和我们美学研究的价值。还因为生态不仅是一个新的科学概念,也是一种新的人类生存方式的出现,我们应该在文化的意义上来认识生态。如果我们要把生态观念的出现作为一种"文化范式"来看待,那么,在我们生活的领域里就如发生"认识论"转向、"语言学"转向"视觉"转向一样的一次深刻的哥白尼革命。哥白尼的革命宣告了地球不是宇宙的中心，生态美学同样宣告了人类也不是地球的中心。在生态文化的立场上看生态美学，其意义在于它是美学上的一次革命性的转向。所以，我们只有在生态审美观的意义上进行生态美学的研究才能推动美学自身的发展，而不是将生态美学仅仅停留在生态具体的美学研究上。

生态审美观的建构是以对"生态"的理解为前提的。生态学认为，一定空间中的生物群落与其环境相互依赖、相互作用，形成一个有组织的功能复合体，即生态系统。系统中各种生物因素（包括人、动物、植物、微生物）和环境因素按一定规律相联系，形成有机的自然整体。正是这种作为有机自然整体的生态系统，构成了生态学的特殊研究对象。生态学关于世界是"人——社会——自然"复合生态系统的观点，构成了生态世界观。它推动了人们认识世界的思维方式的变革，把有机整体论带到各门学科研究当中。这一点对于确定生态美学的研究对象十分重要。生态美学按照生态学世界观，把人与自然、人与环境的关系作为一个生态系统和有机整体来研究，既不是脱离自然与环境去研究孤立的人，也不是脱离人去研究纯客观的自然与环境。也就是说，生态美学应该把包括自然、环境、文学、艺术等在内的一切具有生态美因素并与整体生存状态有关的事物纳入生态美学宏观的研究对象。美学不能脱离人，生态美学把人与自然、人与环境之间的生态审美关系作为研究对象，这表明它所研究的不是由生物群落与环境相互联系形成的一般生态系统，而是由人与环境相互联系形成的人类生态系统。人类生态系统是以人类为主体的生态系统，以人类为主体的生态环境比以生物为主体的生态环境还要复杂得多，它既包括自然环境（生物的或非生物的），也包括人工环境和社会环境。当然，由人与环境相互作用构成的人类生态系统以及人类生态环境，不仅是生态美学的研究对象，也是各种以人类生态问题为中心的生态学科（如生态经济学、生态伦理学等）的研究对象。但是，生态美学毕竟是美学，它对生态问题的审视角度应当是美学的。它不是从一般的观点，而是从人与现实审美关系这个独特的角度，去审视、探讨由人与自然、人与环境构成的人类生态系统以及人类生态环境问题。生态美学以审美经验为基础，以人与现实的审美关系为中心，去审视和探讨处于生态系统中的人与自然、人与环境的相互关系，去研究和解决人类生态环境的保护和建设问题。

生态美学的研究内容可以大致分成四部分：一部分是对国外生态美学研究成果的系统介绍和翻译。一部分是对存在本体论和艺术本体论的研究，阐述自然如何作为存在本源以及如何在自然本体论的基础上理解艺术。一部分是对自然信仰的研究，它将为现代人的生存和艺术活动提供一种新的精神引导。在这几部分中，对中西方哲学美学史上既有思想资源的梳理和对话将占据非常重要的地位。最后一部分是生态美学理论在文学批评和文化研究中的具体应用，其中包括使用生态批评方法对中西方文学史作品的重新解读，对艺术"生态性"的界定，以及对"反生态"的现代文化艺术现象的批评等。

四、生态美学的研究方法

哲学研究存在，称为本体论，它是传统哲学框架的支柱和理论基础。在对生态美学的研究中，其研究方法应该建立在本体论的基础之上，换句话说，生态美学应该以本体论作为研究的理论前提。

吴国盛在《自然本体化之误》一书中提出这样的观点：物质，或自然界，不是哲学本体，研究物质和自然界是自然科学的任务，应当把人作为本体，从人类主体的角度、人类实践的角度来看待世界。对此余谋昌说道："我们在这样的意义上赞同上述看法：人是指人的世界，包括人和自然，是人和自然相互作用的世界。也就是说，世界的存在是'人——社会——自然'复合生态系统，世界本原（本体）不是纯客观的自然界，也不是纯粹的人，而是'人——社会——自然'复合生态系统的整体。"这是现代生态学的看法。

对人的感性与理性、主观与客观的分裂的反思是从康德开始的。康德以前的西方美学大多囿于认识论的范围，美与审美离不开"模仿""对称""典型"等范畴。康德看到了近代哲学"认识论"转向以后致命的问题，那就是事先假定认识的对象存在，然后规定人们的认识要符合那个不依赖于人的认识的"自在之物"。为了解决这个难题，康德提出来"先天综合判断"的命题。他一方面认为仅仅具有经验是不够的，因为它解决不了知识的普遍必然性的问题，其中一定包含着某种先验的因素，于是他提出了"我们如何能够先验的经验对象"的问题。对于这个问题，如果我们用传统的"人的认识符合对象"的思维模式是解决不了的，因此康德对此来了一个颠倒即"对象要符合人的认识"。这说明只有通过主体的先天认识形式去规定对象，才能获得知识的普遍必然性，这种变革被称之为"哥白尼革命"。康德认为，认识论不考察人的认识能力而去探究普遍必然性的知识的可能性，和本体论不考察人是否具有掌握世界本体的能力，从而谈论世界的本体，都是不现实的，也是不可能的。他认为哲学的任务便是对人的认识能力的考查，主体的认识能力决定着知识的可能性和必然性。这种对主体认识能力的研究为主体性的研究开辟了道路，为以主体自我反思作为出发点去理解世界指明了方向并为生命哲学的本体论建构奠定了基础。

海德格尔认为主客二分的认识论思维只能认识"物"，而不能达到对"在"的把握。这样，形而上学的历史就是"在"的遗忘史。海德格尔看出了传统哲学不是从主体中引出客体，就是从客体中引出主体，并就此追问事物本质的巨大局限性，认为传统哲学所追问的这个普遍最高的本质只不过是作为全体存在者的存在，或者说"存在性"，而恰恰遗忘了"存在"本身，也就是使存在者作为存在者的那种东西，"存在"是使一切存在者得以可能的基础和先决条件。因此，只有先弄清存在者的存在的意义，才能懂得存在者的意义。而要做到这一点，就需要重新寻找理论的突破点，这也就是"此在"（Dasein），即要揭示存在的意义需通过揭示人自己的存在来达到。因为，只有人这种特殊的存在者才能成为存在问题的提出者和追问者，只有人才能揭示存在的意义。这样，"此在"就成了海德格尔突破传统哲学、建立其存在体系的逻辑起点，而揭示此在的基本存在状态的过程，也就是对传统哲学主客之分的思维方式的转向过程。海德格尔认为我不再世界之外，世界也不在我之外，两者是一体的存在。这其实就是道家的"物我同一"的状态。海德格尔说："真理是'存在'的真理……美的东西属于真理和显现，真理的定位。"他还说："真理本质上就具有此在式的存在方式，由于这种存在方式，一切真理都同此在的存在相连。唯当此在存在，才有真理。唯当此在存在，存在者是被展开的。唯当此在存在，牛顿定律、矛盾定律才在，无论什么真理存在。此在根本不存在之后，任何真理都将不再。"就是说不论神学还是其他任何科学，都必须还原于人，这样"此在"的存在才有意义。海德格尔完成了从认识论到本体论的转换，换句话说，海德格尔使本体论得到了复兴。

其实本体论并不是一个新的创造，也不是一个时髦的用语，在古希腊时的哲学就是本体论哲学。古希腊的哲学家们把世界的本原称之为"水""火""原子"等等，就是把这些事物作为本体来对待的。之所以说海德格尔复兴了本体论是因为传统本体论是实体本体论，现代本体论是生命本体论。生命本体论不是一般的反对研究事物的存在，而是反对研究与生命无关的存在。这里的生命不是单单指人的生命，而是指一切具有生命的生生不息的存在，包括有机自然界的存在。现代本体论认为"本体"不是实体，它是一个具有功能性的概念。现代思维的一个特点是消解实体性思维，因为实体性思维是传统本体论的产物。我们过去总是习惯于追究事物背后的实体，其实这个所谓的实体是不存在的，它是人类思维悬设的结果。奎因提出本体悬设就体现了对本体论前提的自觉的理论要求。奎因认为任何理论家都有某种本体论的立场，都包含着某种本体论的前提。奎因对本体论的新的理解，改变了形而上学的命运，重新确立了本体论的地位，本体论问题就是"何物存在"的问题。但是，这里有两种截然不同的立场：一种是本体论事实问题即"何物实际存在"的问题，这是时空意义上的客体存在问题；另一种是本体论悬设的问题即"说何物存在"问题，这是超验意义上的观念存在问题。这样他就否定了传统本体论的概念和知识论立场上的方法，认为并没有一个实际存在的客观本体。本体问题不是一个事实性的问题，这样就把传统本体论问题转换成了理论的约定和悬设问题。因此，本体悬设就不是一个与事实有关的问题，而是一个与语言有关的问题，是思维前提的建构问题，它也是一种信念和悬设的问题。

在生态美学的研究中如果我们把生态的本体悬设为生命，那么，我们就可以从生命的立场上去研究生态美学。从生命与环境的关系中我们便看到了生态美的深刻的本体论含义：生命是建立在生命之间、生命与环境之间相互支持、彼此依赖、共同进化的基础上。每一生命包含着其他的生命，生命之间和生命与环境之间相互支持、相互保护，生命本身也包含着环境，没有谁能单独生存，生命之间的关系、生命与环境的关系，与生命的存在同样真实。

本体论研究是生态美学理论的核心部分，主要采用现象学方法。现象学不满于把世界当作理性思考的现成对象，它要深入反思赋予人类理性认识能力、让世界在人类意识中如是显现的根源。胡塞尔把这个根源理解为人的意识结构。海德格尔把这个根源理解为"自然"，即存在者如其本然的自我显现。梅洛·庞蒂则通过研究身体经验与本原相遇，身体在客观经验产生之前就提供了一个让"我"和世界相遇的场所，它同时意味着被感官意向性包容的世界，和通过向世界持续敞开而逐渐成熟的感受力，介于纯粹肉体和纯粹意识之间的身体意味着一种比思想更古老的人与世界的关联方式。杜夫海纳进一步把梅洛·庞蒂寻找的这个基础的存在明确化为"自然"，即"经验中的所有先验因素的本体论根源"。在生态美学的视野中，艺术的职责就是向人展示存在的必然性，让人通过感受与他人、万物、历史的共在而更深刻地理解自我，获得清新刚健的生命力量。生态美学还强调自然信仰的精神维度。由于现代文明缺少超越性的精神信仰，人沉溺于碎片式的、当下性的感性生存中，艺术则一直在加重绝望、焦虑和愤世嫉俗的感受。人类文明史上的信仰多种多样，但生态美学要把信仰建立在作为存在本原的自然上面。信仰自然意味着相信在人类文明之外还存在着一种更古老更永恒的本原的力量，人类学研究敞开一个超越的精神境界。以现象学方法为主要研究方法并借鉴中西方哲学美学的多种理论资源，以存在和审美本体论研究、自然信仰理论研究、具体的批评实践作为主要内容，关注自然生态危机和人类的精神与文化生存状态，生态美学终将推动一种人与自然、自我、他人和社会达到动态平衡、和谐一致的理想生存境界的出现。

五、生态美学的内涵及意义

从目前看,关于生态美学有狭义和广义两种理解。狭义的生态美学仅研究人与自然处于生态平衡的审美状态,而广义的生态美学则研究人与自然以及人与社会和人自身处于生态平衡的审美状态。我个人的意见更倾向于广义的生态美学,但将人与自然的生态审美关系的研究放到基础的位置。因为,所谓生态美学首先是指人与自然的生态审美关系,许多基本原理都是由此产生并生发开来。但人与自然的生态审美关系上升到哲学层面,具有了普遍性,也就必然扩大到人与社会以及人自身的生态审美关系。由此可见,生态美学的对象首先是人与自然的生态审美关系,这是基础性的,然后才涉及人与社会以及人自身的生态审美关系。

生态美学如何界定呢?生态美学的研究与发展不仅对生态科学具有重要意义,而且将会极大地影响乃至改造当下的美学学科。简单地将生态美学看作生态学与美学的交叉,以美学的视角审视生态学,或是以生态学的视角审视美学,恐怕都不全面。我认为,对于生态美学的界定应该提到存在观的高度。生态美学实际上是一种在新时代经济与文化背景下产生的有关人类的崭新的存在观,是一种人与自然、社会达到动态平衡、和谐一致的处于生态审美状态的存在观,是一种新时代的理想的审美的人生,一种"绿色的人生"。而其深刻内涵却是包含着新的时代内容的人文精神,是对人类当下"非美的"生存状态的一种改变的紧迫感和危机感,更是对人类永久发展、世代美好生存的深切关怀,也是对人类得以美好生存的自然家园与精神家园的一种重建。这种新时代人文精神的发扬在当前世界范围内霸权主义、市场本位、科技拜物教盛行的形势下显得越发重要。

下面我想从四个方面对生态美学的内涵及其意义加以进一步的阐释。

第一,生态美学是20世纪后半期哲学领域进一步由机械论向存在论演进发展的表现。美国环境哲学家科利考特指出我们生活在西方世界观千年的转变时期一个革命性的时代,从知识角度来看,不同于柏拉图时期和笛卡尔时期。一种世界观,现代机械论世界观,正逐渐让位于另一种世界观。谁知道未来的史学家们会如何称呼它——有机世界观、生态世界观、系统世界观……这里科利考特所说的"有机世界观、生态世界观、系统世界观"等等,实际上是存在论哲学观在新时代的丰富,包含了生态哲学的内容。应该说,在西方哲学中,由机械论向存在论的转向在18世纪下半叶的康德与席勒的美学思想中即已开始。20世纪初期,尼采的生命哲学、胡塞尔的现象学哲学更深入地涉及存在论哲学。直到二战前后,萨特正式提出存在主义哲学,进一步将人的"存在"提到本体的高度。此后众多哲学家又都沿着这样的理论路径进一步深入探讨。而马克思独辟蹊径，早在1845年《关于费尔巴哈的提纲》中提出实践论哲学，借以取代机械唯物论。而实践论就是一种建立在社会实践基础之上的唯物主义存在论，以社会实践作为人的最基本的存在方式。应该说，实践论已经从理论上克服了机械论的弊端，为存在论哲学开辟了广阔的前景。但理论总是相对苍白的，而实践之树常青。理论的生命在于不断吸取时代营养，与时俱进。马克思主义实践论不仅应该吸取西方当代存在主义哲学的合理因素，而且应该吸取当前产生的生态哲学及与之相关的生态美学的合理因素。而生态哲学与生态美学的合理因素就是人与自然、社会处于一种动态的平衡状态。这种动态平衡就是生态哲学与生态美学最基本的理论。具体地说可包含无污染原则与资源再生原则。所谓无污染原则就是在人与自然、社会的动态关系中不留下物质的和精神的遗患而所谓资源再生原则就是指人与自然、社会的动态关系应有如大自然界的生物链，不仅消耗资源，而且能够再生长资源，而这种消耗与再生长均处于平衡状态。这样的原则就极大地丰富了马克思在《1844年经济学哲学手稿》中有关"人也按照美的规律来建造"的理论。很显然按照美的规律来建造就不仅是"把内在的尺度运用到对象之上"，而且也是"按照任何一个种的尺度来进行生产"，是两者的统一。同时，在这两者的统一之中，也应包含生态美学的平衡原则及与此相关的无污染原则与资源再生原则。这就是我所理解的生态美学哲学内涵的重要方面。

第二，生态哲学及与其相关的生态美学的出现，标志着20世纪后半期人类对世界的总体认识由狭隘的"人类中心主义"向人类与自然构成系统统一的生命体系这样一种崭新观点的转变。长期以来，我们在宇宙观上总是抱着"人类中心主义"的观点。公元前5世纪，古希腊哲学家普罗泰戈拉提出著名观点"人是万物的尺度"。尽管这一观点在当时实际上是一种感觉主义真理观，但后来许多人却将其作为"人类中心主义"的准则。欧洲文艺复兴与启蒙运动针对中世纪的"神本主义"提出"人本主义"。而这种"人本主义"思想即包含人比动植物更高贵、更高级，人是自然界的主人等"人类中心主义"观点，进而引申出"控制自然""战天斗地""人定胜天""让自然低头"等等口号原则。这些观点与原则都将人与自然的关系看作敌对的、改造与被改造、役使与被役使的关系。这种"人类中心主义"的理论以及在此影响下的实践，造成了生态环境受到严重破坏并直接威胁到人类生存的严重事实。正是面对这样的严重事实，许多有识之士在20世纪后半期才提出了生态哲学及与其相关的生态美学。生态哲学与生态美学完全摒弃了传统的"人类中心主义"观点，而主张人类与自然构成不可分割的生命体系，如奈斯的"深层生态学"理论与卢岑贝格的人与自然构成系统整体的思想。奈斯的"深层生态学"提出著名的"生态自我"的观点。这种"生态自我"是克服了狭义的"本我"的人自然及他人的"普遍共生",由此形成极富价值的"生命平等对话"的"生态智慧",正好与当代"人在关系中存在"的"主体间性"理论相契合。卢岑贝格则提出,地球也是一个有机的生命体,是一个活跃的生命系统,人类只是巨大生命体的一部分。应该说,卢岑贝格的论述不仅依据生态学理论,而且依据系统整体观点。在他看来,地球上的动物、植物、岩石土壤,它们所形成的生物链、光合作用、物质交换等等才使地球不同于其他处于死寂状态的星球。而人只是这个生命体系的一个组成部分。如果没有了其他的动物、植物,没有了大气层、水、岩石和土壤,人类也就不复存在。正是从这个颠扑不破的事实出发,卢岑贝格才指出:"如果我们认识到这一点,那么我们就需要一个完全不同于现在的伦理观念。我们就不可以再无所顾忌地断言,一切都是为我们而存在的。我们人类只是一个巨大的生命体的一部分。""我们需要对生命恢复敬意","我们必须重新思考和认识自己"。重新认识和思考就是对"人类中心主义"的摒弃,对人文主义精神的更新丰富。既然地球本身就是一个有机的生命体,人类只是这个生命体系的一个组成部分,那么"人类中心主义"就不能成立。人与地球、与自然的关系不是敌对的、改造与被改造的、役使与被役使的关系,而是一个统一生命体中须臾不可分离的关系。因此,"人最高贵""控制自然""战天斗地""人定胜天""让自然低头"等等口号和原则就应重新审视,而代之以既要尊重人同时也要尊重自然,人与自然是一种平等的亲和关系的观点。当然,这不是说自然不可改造,人类不要生产,而是要在改造自然的生产实践中遵循生态美学与生态哲学的平衡原则。这就涉及人文主义精神的充实更新。原有人文主义精神中所包含的对人权的尊重、对人类前途命运的关怀都应加以保留,但应将其扩大到同人类前途命运须臾难分的自然领域。同样,人类也应该尊重自然,关怀自然,爱护自然,保护自然。人类不仅应该关爱自己的精神家园,而且应该关爱自己的自然家园。因为自然家园是精神家园的物质基础。自然家园如果毁于一旦,精神家园也就不复存在。

  第三,生态美学的提出实现了由实践美学向以实践为基础的存在论美学的转移。我国经过20世纪的两次美学大讨论,进一步确立了实践美学在我国美学理论中的主导地位。实践美学以马克思《1844年经济学哲学手稿》与《关于费尔巴哈的提纲》为指导,坚持在社会实践的基础上探索美的本质,提出美是"客观性与社会性统一"的观点。应该说,这一美学理论在当时具有相当的科学性。但新时期以来美学学科的迅速发展,特别是存在论美学的提出,显现出实践美学的诸多弊端。而生态美学的提出又更进一步丰富深化了存在论美学,进而促使我国美学学科由实践美学向存在论美学的转移。但我们说的这种转移不是对实践美学的完全抛弃,而是在实践美学基础之上的一种深化。也就是说，我们说的存在论美学是以社会实践为基础的。我们始终认为社会实践特别是生产实践是审美活动发生的基础与前提条件。这是同西方当代存在论美学的根本区别之所在。但我们认为，审美是人类最重要的存在方式之一这是一种诗意的、人与对象处于中和协调状态的存在方式。而这种审美的存在方式也符合了人与自然达到生态平衡的生态美学的原则。所谓生态美学实际上也就是人与自然达到中和协调的一种审美的存在观。因此，生态美学的提出，促进了由实践美学向实践基础上的存在论美学的转移。而我们觉得这种转移更能贴近审美的实际。从艺术的起源来看，无数考古资料已经证明，艺术并不完全起源于生产劳动，而常常同巫术祭祀等活动直接有关。例如甲骨文中的"舞"字，就表现出一个向天祭祀的人手拿两个牛尾在舞蹈朝拜。因此，归根结底，艺术起源于人类对自身与自然（天）中和协调的一种追求。而从审美本身来说，也不是一切"人化的自然"都美，更不是所有非人化的自然就一定不美。审美本身还是取决于人与对象处于一种中和协调的亲和的审美状态。实践美学历来难以准确解释自然美的问题。特别是对于原始的未经人类实践改造的自然，更是难以用"人化自然"的观点解释。而中和协调的存在论美学却对其很好解释。因为，无论是经过人的实践，还是未经实践的自然，只要同人处于一种中和协调的亲和的审美状态，那么，这个"自然"就是美的。总之，美与不美，同人在当时是否与对象处于中和协调的存在状态密切相关。而美学所追求的也恰是人与对象处于一种中和协调的审美的存在状态。这就是审美的人生、诗意的存在，从生态美学的角度说，也就是人与自然平衡的"绿色的人生"。卢岑贝格正是从这种人与自然中和协调的存在论出发，把地球看作一个充满生机的生命，而包括人类在内的生命演化过程实际上是一曲宏大的交响乐，构成顺应自然的完整体系。他充满深情地借古希腊大地女神该亚的名字来称呼地球。该亚是古希腊神话中的大地女神，被认为是人类的祖先，在古希腊佩耳伽谟祭坛的浮雕中，该亚是一个美丽而丰满的母亲，下半身没入土中，左手抱着聚宝角，高举右手，为她的孩子祈福。无论从外在形象还是从内在品德，该亚都是无比美丽的形象。卢岑贝格把她称作"美丽迷人、生意盎然的该亚"。这就是他一再肯定的英国化学家勒弗劳克（JamesLovelock）所提出的著名的"该亚定则"。这既是一个生态学定则，也是一个美学定则。正如卢岑贝格所说这是一种"美学意义上令人惊叹不已的观察与体悟"。在这里，我们把地球称作美丽迷人的该亚，就不是从具体的实践观出发，而是从人类与地球休戚与共的生命联系的存在论出发。

第四，生态美学的提出，进一步推动了美学研究的资源由西方话语中心到东西方平等对话的转变。我国的美学研究作为一个学科开展是近代的事情，以王国维、蔡元培为开端，主要借鉴西方理论资源，逐步形成西方话语中心。而我国古代美学与文艺思想的研究，也大多以西方理论范畴重新进行阐释。从1978年改革开放以来，我国学者提出了文艺美学学科问题，才逐步重视我国传统的美学资源的独立意义。而20世纪90年代以来，生态美学的提出更使我国传统哲学与美学资源发出新的光彩。众所周知，西方从古希腊罗马开始就倡导一种二元对立的哲学与美学思想。在这一哲学与美学思想中，主体与客体、感性与理性、人文与自然等两个方面始终处于对立状态。而我国古代，则始终倡导一种"天人合一"的哲学思想及在此基础上的"致中和"的美学观点。尽管儒家在"天人合一"中更强调"人"，而道家则更强调"天"，但天与人、感性与理性、自然与社会、主体与客体、科学主义与人文主义是融合为一体的。特别是道家的"道法自然"思想，认为自然之道是宇宙万物所应遵循的根本规律和原则，人类应遵守自然之道，决不为某种功利目的去破坏自然、毁灭自然。这里包含着极为丰富的自然无为、与自然协调的哲理。正如美国著名物理学家卡普拉所说，"道教提出了对生态智慧的最深刻、最精彩的一种表述"。这种"天人合一"的东方智慧正是当代存在论美学的重要思想资源。季羡林先生曾指出："我曾在一些文章中，给中国古代哲学中'天人合一'这一著名的命题做了'新解'。天，我认为指的是大自然人，就是我们人类。人类最重要的任务是处理好人与大自然的关系，否则人类前途的发展就会遇到困难，甚至存在不下去。在天人的问题上，西方与东方迥乎不同。西方视大自然为敌人，要'征服自然'。东方则视大自然为亲属朋友，人要与自然'合'一，后者的思想基础就是综合的思维模式。而西方则处在对立面上。"而海德格尔等西方著名哲学—美学家则从中国"天人合一"思想中吸取了极其丰富的营养，充实自己的存在论哲学—美学。当然，我们这里所说的中国古代"天人合一"的哲学思想以及在此基础之上的"致中和"的美学思想是指先秦时代老子、庄子、孔子等著名思想家带有原创性的思想精华，并非指后世打上深深的封建乃至迷信烙印的所谓"天人感应""人副天数"理论。而且对这种原创的素朴的"天人合一"与"致中和"思想也必须进行批判的改造，吸取其精华，剔除其糟粕，还要结合当代社会现实给予丰富充实，使之实现现代转型。但无论如何，生态美学的提出，使中国古代"天人合一"的哲学与美学资源显示出西方学者也予以认可的宝贵价值。这就将逐步改变美学研究中西方话语中心地位的现状，而使我国古代美学资源也成为平等的对话者之一，具有自己的地位。

在我国，生态美学的提出是20世纪90年代中期以后的事情，时间较短，研究尚未充分展开，在许多问题上认识尚待深入，也不可避免地存有分歧。当然，许多分歧是生态哲学和生态伦理学中存在的问题，但都和生态美学密切相关。这些问题的深入讨论必将推动生态美学的进一步发展。有些问题在上面的论述中我已有所涉及，但为了便于研究，我将其加以归纳。

第一，有关生态美学的界定问题。首先就是生态美学能否构成一个独立学科的问题。构成一个学科要有独立的对象、研究内容、研究方法、研究目的及学科发展的趋势这样五个基本要素。目前生态美学在这些方面尚不具备条件。因此，我个人认为，暂时可将其作为美学学科中一个新的十分重要的理论课题。另外，有的学者将生态美学的基本范畴归结为生态美，从而使其研究对象成为"人与大自然的生命和弦"。应该说这已涉及生态美学的基本内涵。但我个人认为尚不全面。因为生态美学不仅涉及人与自然关系的层面，而且还涉及人与社会以及人自身的层面。前者是表现，而后者是更深层的原因。因此，我个人将生态美学的对象确定为人与自然、社会及人自身动态平衡等多个层面。而其根本内涵是一种人与自然、社会达到动态平衡、和谐一致的处于生态审美状态的存在观。这也是从当代存在论的高度来界定生态美学，其内涵的特殊性就在于将生态的平衡原则以及与其有关的无污染原则、资源再生原则吸收到生态美学理论之中。

第二，有关生态美学所涉及的哲学与伦理学问题。这是当前讨论最多的问题。有的生态学家提出"生态精神""生物主动性""生态认识论""内在价值""生态智慧"等一系列论题，在美学方面，就涉及自然自身是否具有脱离人之外的美学价值问题。这都是在对"人类中心主义"的批判中提出的问题，涉及对哲学史上"泛灵论"与"自然的返魅"的重新评价。对这些问题的思考与探讨十分重要。我目前的看法是，"人类中心主义"的确不全面，有改进充实之必要。但基本的哲学立足点还是应该是唯物实践论，在此前提下吸收生态哲学与生态美学有关理论内容，加以丰富发展。因此，目前，我对地球与自然是有生命的观点能够接受。当然，这种生命首先应包括人这个高级生命在内，构成一个有机的生命体系。而对于地球、自然生物是否有自身的"独立精神"与"内在价值"，到目前为止，我还没有接受。我认为，从唯物实践论的角度，自然界的"精神"与"价值"还是同人的社会实践活动密切相关，自然界的精神和价值虽然不能说是人所赋予的，但也应在实践过程中，是以人为主的，包括自然的有机生命体系中来理解。这样，自然就不是简单地处于被改造、被役使的位置，而是处于平等对话的位置。因为，离开了自然，人的生命体系、精神体系、价值体系都将不复存在。同样，离开了人，特别是离开了人的社会实践，自然本身也不可能有其独立的"精神"与"价值"。总之，自然与人紧密相连，构成有机的生命体系。而从审美的角度来看，自然的美学价值尽管不能完全用"人化的自然"这一理论观点解释，但自然也只有在同人的动态平衡、中和协调的关系中才具有美学价值。自然自身并不具有离开人而独立存在的美学价值。至于"泛灵论",我个人觉得具有人类原始宗教的特性,当前人类已经迈入 21 世纪的信息时代,对"泛灵论"与"自然的返魅"的重新肯定,应该慎之又慎。

第三,关于生态美学与当代科技的关系问题。对于生态学、生态哲学与生态美学的研究必然涉及对当代科学技术评价的问题。毋庸讳言,世界范围内自然环境的大规模破坏同科技理性的泛滥、工具主义的盛行、科学技术的滥用不无关系。包括无节制的工业发展对自然环境的破坏,农药对土壤的破坏与污染,工业烟尘和汽车尾气对大气的污染等等。凡此种种都直接威胁并破坏人的存在状态,使人处于"非审美化"。当然,还有科技所制造的杀伤性武器,更使人类饱受战争的灾害。但是否就可以将生态与科技相对立,走到排斥科技、排斥现代化的极端,从倡导"回归自然"走到倡导"回归古代",从倡导"绿色人生"走到排斥"科技人生"呢?我个人认为这是不可行的。因为,科学同样是人类的伟大创造,是人类社会进步的重要力量。正是从这个角度上说,科学成果也属于人文的范围。应该说,科学本身是没有价值取向的,但作为科学运用的技术却有明显的价值取向。它既可造福人类,也可破坏人生。

第二节　生态美学的设计哲学

一、生态美学的哲学基础

生态美学以当代生态存在论哲学为其理论基础。生态哲学主张自然界的有机性、整体性和综合性,生态美学从人与自然的共生关系来探询美的本质,以对生命系统良性循环的促进作用来考察美的价值。生态美学的哲学基础主要由以下四个方面组成。

（一）生态美并非某一事物的美,而是整个生态系统的美

生态哲学将世界看作是不可分割的有机的活的系统,部分无法脱离整体而独立的发挥作用,整体也必将受到部分的牵制和影响。并且部分和整体之间是相互决定、相互制约的关系。所以说事物所表现出的生态美不仅仅体现了这一事物的美并且体现了对整个生态系统的审美关照。某一事物的美和整个生态系统的美也是不可分割不能独立存在的。生态系统的范畴指的是人与自然所构成的生命体系以及支持该生命体系存在的物质环境和精神人文环境。生态美体现在生命从产生到消亡的整个过

程中，以及人和自然、人和他人，人和自身这些多重关系的相互协调之中。

（二）人只是生态系统的一个环节而并非绝对的主体

近代西方哲学将世界分为主体人和客体的事物两个部分，强调了人的主体地位也体现了人本主义精神，也有利于对世界做客观的考察和分析加强了研究结论的客观性。生态哲学对世界是没有主、客体之分的。人只是生态系统的一个环节而并非绝对的主体，在这个世界上自然赋予人生存的环境，但自然的存在绝非以人的存在为前提，而人的存在也不能完全脱离自然环境。在生态美学中主导审美标准的并非人而是使整个共生系统持续发展的客观规律。人不能过于夸大在审美活动中主导作用，而是通过审美客体对整个生态系统的存在和运作有逐步加深的认识。

（三）生态美学是人的价值和自然的价值的统一

价值取向是人类进行一切思考与判断的前提，美是一种价值，审美尺度是评判价值工具。在生态美学中，生态美也是具有价值的，它体现出的价值并非是审美客体对人产生的价值，而是审美客体的价值对于生命体系价值的协调程度，是人的价值和自然价值的统一。在整个生态系统中任何一个环节所体现出来的价值都代表了它自身的价值以及对人的价值和自然价值的映射，同样人的价值也是通过外界事物的价值表现形式来体现。用一个简单的比喻来说明这个问题，正如人体内的细胞和整个人体，细胞虽说只是整个人体中非常细小的一部分，然而每个细胞中都含有对整个人体的发展起决定性作用的基因，这基因就体现了整个人的生命的发展规则和趋势，也是整个人体和部分相互统一协调的根本所在。

（四）生态美学是自然的人化和人的自然化的统一

在传统美学中，人对自然的审美是将自然人化的过程，也是实践美学的基本思想。生产实践是人类认识世界的有效途径，然而过渡的生产实践又是破坏人类生存环境的原因。在生态美学中，审美过程是自然的人化和人的自然化的统一，这是由人的自然和社会双重属性所决定的。人类通过生产实践不断地认识世界形成人类社会而脱离了动物群体，这是人的社会属性的发展。在这个变化过程中，人对自身生命的操控能力不断增强，但人依旧是受自然的生命规律所操控。人的自然化指的是：人要正确地认识自身的自然属性，自身本质要同自然和整个生态系统的本质相一致，不能违背整个生态系统的存在规律。人的自然化是生态美学在传统美学基础上的创新和发展，是审美活动进化的表现，它拉近了审美对象与审美实质的距离使人们的审美感受统一于和谐的生态体验之中。

作为人文科学的美学，必须从人的需要出发进行学科建构的分析。而现代心理学已经由美国心理学家马斯洛对于人的需要作了科学的分析，他把人的需要大致分为7个层次：生理需要、安全需要、相属或爱的需要、尊重需要、认知需要、审美需要、自我实现需要。正是由于人有这些需要，现实才在人的生活中与人发生种种关系：实用关系（由于生理需要、安全需要、相属需要、尊重需要），认知关系（由于认知需要），审美关系（由于审美需要），伦理关系（由于自我实现需要或伦理需要）。而这些关系就要有不同的学科来进行研究：自然科学中的医学和生理学以及社会科学中的经济学主要研究人对现实的实用关系，哲学认识论、心理学的认知科学研究人对现实的认知关系，社会科学中的伦理学、政治学则研究人对现实的伦理关系，而人文科学中的文学、文艺学、美学就研究人对现实的审美关系。

在这样的基础上，我们以前对于美学主要从审美关系方面或维度来进行美学学科的建构，把美学的研究范围主要规定为三大方面或三大维度：审美主体研究、审美客体研究、审美创造研究。因而美学就相应有：美感论、美论、艺术论、技术美学、审美教育论等学科建构，而相对忽视了人对现实的审美关系中的"现实"的构成这个方面或维度。如果我们从人对现实的审美关系的"现实"构成的维度来看，那么我们就可以看到，这个"现实"主要包括三个方面或三个维度：人对自然的审美关系、人对他人（社会）的审美关系、人对自身的审美关系。这样一来，美学学科的建构就可以派生出一些新的美学分支学科：人体美学、服饰美学等，研究人对自身的审美关系；交际美学、伦理美学等，研究人对社会（他人）的审美关系；生态美学，则专门研究人对自然的审美关系。

由此我们就可以断言，以马克思主义实践唯物主义和实践观点作为基础和出发点的实践美学本来应该是理所当然包括生态美学等美学的分支学科的，但是，由于过去自然生态或自然环境问题没有引起我们的足够注意，所以诸如生态美学等一些美学分支学科就被遮蔽和忽视了。现在，随着全球化和现代化的历史进程，自然生态的问题日益凸现出来，成为直接影响到人类生存和发展的重大问题，因此，对自然生态问题的研究就自然而然成为许多人文科学和社会科学以及哲学的重要研究课题。正是在这种世界潮流的推动下，美学界和美学家们呼吁建构一门生态美学，当然这是非常及时的，也是对实践美学中不可或缺的一个潜隐的学科的解蔽和彰显。也就是在这个意义上，我们说：生态美学是实践美学的不可或缺的维度。

因此，我们认为，在形而上的层面、最一般规律的层面、哲学层面进行研究的哲学美学就是，以艺术为中心研究人对现实的审美关系的人文科学，而生态美学只能是这种哲学美学的一个维度，或者一个分支学科。那么，生态美学的哲学基础就应该与它所隶属的哲学美学及其哲学相一致。而这种哲学美学及其哲学应该具有形而上的、最一般规律的、全面的性质，具体来说就是应该包含有它的本体论、认识论、方法论、价值论的全部，尤其是应该有其本体论的哲学基础，而不应该仅仅是某一个方面的，尤其是不应该缺失本体论的维度。从这样的基本观点出发，我们认为，"主体间性"或者"主体间性哲学"不应该也不可能是生态美学的哲学基础，因为"主体间性"仅仅是现代主义和后现代主义哲学消解和反对主客二分思维方式的一个策略性的范畴，仅仅具有方法论的意义，完全不具有本体论、认识论、价值论的意义，所以"主体间性哲学"也是一个十分可疑的概念。

主体间性的概念来源于胡塞尔的现象学哲学，这是现象学哲学的重要概念。胡塞尔提出这一术语来克服现象学还原后面临的唯我论倾向。在胡塞尔那里，主体间性指的是在自我和经验意识之间的本质结构中，自我同他人是联系在一起的，因此为我的世界不仅是为我个人的，也是为他人的，是我与他人共同构成的。胡塞尔指出"无论如何，在我之内，在我的先验地还原了的纯意识生命的限度内，我经验着的这个世界（包括他人）按其经验意义，不是作为（例如）我私人的综合组成，而是作为不只是我自己的，作为实际上对每一个人都存在的，其对象对每一个人都可理解的、一个主体间的世界去加以经验。"（《笛卡尔的沉思》）胡塞尔认为自我间先验的相互关系是我们认识的对象世界的前提，构成世界的先验主体本身包括了他人的存在。"在胡塞尔现象学中，'交互主体性'（即主体间性）概念被用来标识多个先验自我或多个世间自我之间所具有的所有交互形式。任何一种交互的基础都在于一个由我的先验自我出发而形成的共体化，这个共体化的原形式是陌生经验，亦即对一个自身是第一性的自我—陌生者或他人的构造。陌生经验的构造过程经过先验单子的共体化而导向单子宇宙，经过其世界客体化而导向所有人的世界的构造，这个世界对胡塞尔来说是真正客观的世界。"

由此可见，主体间性（Intersubjektivitat）在胡塞尔的现象学中就是一个重要的策略性概念，为的是防止在进行了现象学还原以后所面对的事实的世界变成一个纯粹的唯我的意识世界，需要有一个先验的自我或世间的自我与他人的"共在体"或"共体化"，这样才可以构造出一个客观存在的"生活世界"。其实这里所说的"主体间性"不过是一种掩耳盗铃的自欺欺人的哲学"狡计"，它根本无助于消弭胡塞尔的主观唯心主义的本体论性质。但是，主体间性却对于哲学和美学在现代主义和后现代主义的反对启蒙主义以来的现代性的主体性哲学和美学提供了一个可以使用的武器，用"主体间性"这个武器恰好可以消解启蒙主义以来的现代性哲学和美学的"主体—客体"二元对立的主体性哲学，让哲学和美学回到人的"生活世界"，避免那种离开人类生活世界的客体与主体的隔绝和对立。这也就是我们多次说过的西方美学的发展大趋势：自然本体论美学（公元前5世纪—公元16世纪）、认识论美学（16—19世纪）、社会本体论美学（20世纪60年代以前的现代主义的精神本体论和形式本体论美学、20世纪60年代以后的后现代主义语言本体论美学）。主体间性概念诞生于20世纪初现代主义的现象学哲学和美学中，用意正在消除主体与客体之间的对立和隔绝，让主体与主体之间的相互关系和相互作用来构造一个与人不可分离的生活世界，在现象学美学中构造出一个由作为主体的作家和作为主体的读者，甚至作为主体的作品之间的相互关系和相互作用的审美世界，从而排除那种离开审美意识经验的客体的存在。这些当然是有积极意义的。而到了后现代主义的"语言学转向"以后，语言的"主体间性""对话""交往""沟通""交流"的性质特点，使得后现代主义的哲学家和美学家进一步地运用"主体间性"来消解"主体—客体"二元对立的现代性的主体性哲学和美学，用主体之间的相互关系和相互作用来取代和消融主体与客体之间的相互关系和相互作用，在哲学和社会理论中就是哈贝马斯的"交往理性的理论"，在美学中就是本体论的解释学美学（海德格尔、伽达默尔）、接受美学（姚斯）、读者反应理论（霍兰德、伊瑟尔）、解构主义美学（德里达、福柯）等。

  关于这点，国内已经有不少的研究者做了一些概括。李文阁指出："现代哲学是根本反对二元对立的，现代哲学之所以解构二元对立、主张人与世界的统一，正是为说明在人的现实生活之外并不存在一个独立自存的、作为生活世界之本原、本质和归宿的理念世界或科学世界。"现代主义和后现代主义反对本质主义，主张生成思维，它具有许多特点，其中有一点就是"重关系而非实体"，它认为现实生活世界是一幅由种种关系和相互作用无穷无尽交织起来的画面，"其中的任何事物都不是孤立的，都处于与其他存在物的内在关系中：人是'大写的人'，是'共在人与自己的生活世界'也是内在统一的，人在世中，而非居于世外。人无非就是社会关系的总和。大卫·格里芬就曾指出，后现代的一个基本精神就是不把个体看作是一个具有各种属性的自足实体，而是认为'个体与其躯体的关系、他（她）与较广阔的自然环境的关系、与其家庭的关系、与文化的关系等等，都是个人身份的构成性的东西'。不仅人是关系，语言也是关系。单个词并不具有孤立的意义，语词的意义就是在与其他语词的关系中获得的"。曹卫东在评述哈贝马斯的交往理性理论时指出："为了克服现代性危机，哈贝马斯给出的方案是'交往理性'。而所谓'交往理性'，就是要让理性由'以主体为中心'，转变为'以主体间性为中心'，以便阻止独断性的'工具行为'继续主宰理性，而尽可能地使话语性的'交往行为'深入理性，最终实现理性的交往化。理性的交往化应当以'普通语用学'为前提，在'一个理想的语言环境'中，从分化到重组。"哈贝马斯的"批判理论则把主客体问题转化成为主体间性问题,不但在主客体之间建立了协同关系,更要在主体之间建立话语关系"。"哈贝马斯不是把'真理'的获得不是放到主体与客体之间,而是放到主体与主体之间;所依靠的不是'认知',而是'话语'。"沈语冰也说:"事实上,胡塞尔后期转向重视研究生活世界的问题,维特根斯坦后期强调在生活形式中确定语词的意义和否定私人语言成立的可能性,这说明西方自笛卡尔以来的带有唯我论色彩主体主义的哲学路线发生了一种转机,从人在世界上的主体际的交互活动的角度来研究自我、意识、社会和文化成了新风尚。哈贝马斯提出,要想解决这个问题,唯一的出路就是转换思路,实现意识哲学向语言哲学、主体性哲学向主体际哲学的范式转换。"这些评述主要是以肯定主体间性概念及其积极作用为主的,当然也是有一定道理的,必须给予主体间性以合理性的地位。

然而,也有些学者对主体间性概念持批评态度,甚至有时非常激烈。俞吾金就持这种态度。他认为:"诚然,我们也承认,在西方哲学的语境中,当代哲学家对近代西方哲学的核心观点——'主客二分'的批判和超越自有他的合理之处。但一来他们提出的观念并不一定是新的,事实上,马克思早在150多年前就提出了'人的本质在其现实性上是一切社会关系的总和'的观念,而这一观念强调的也就是'主体间性'。二来他们的观念并不适合于当代中国社会这一特殊的语境。因为在西方大思想家们的视野中,'主体性'主要不是认识论意义上的概念,而首先是本体论意义上的概念,即道德实践主体和法权人格,而本体论意义上的主体性在当代中国社会中还根本没有被普遍地建立起来。尚未建立,何言'消解'?如果连这样的主体性也被消解了,或被融化在所谓'主体间性'中了,那么谁还需要对自己的行为承担道德责任和法律责任呢?须知,从时间在先的观点看来,主体间性总是以主体性的确立为前提的,没有主体性,何言主体间性?从逻辑在先的观点看来,主体间性则是主体性的前提,因为在人类社会中,我们绝对找不到一个孤立的、与社会完全绝缘的主体。在这个意义上,我们也可以说,'主体间性'完全是一个多余的概念。有哪一个主体性本质上不是主体间性呢?又有哪一个人在谈论主体性时实质上不在谈论主体间性呢?"任平说:"古代理性指向大客体,近代理性指向单一主体,都是将理性封闭在单一'主体—客体'的模式中,这是造成理性意义的绝对化和僵化的根源。后现代哲学正是在这一意义上抛弃理性,用多元话语消解理性,以主体际关系与理性相对立。与此相反,交往实践的理性基点是一种新理性,其向度不是回归到古代哲学的客体理性话语,也不是导向近代单一主体中心理性,更不是步后现代哲学的非理性后尘,而是指向'主体—客体—主体'结构的交往理性。由于交往理性的关联,任何一方主体的理性,实际上都不过是多级主体交往理性的一部分。在交往理性的结构分析中,交往实践的机理才能够展示、出场。"这些论述应该说也是非常有道理的。

我们认为,美学是以艺术为中心研究人对现实的审美关系的人文科学,而生态美学则是以艺术为中心研究人对自然的审美关系的科学,生态美学应该是一般哲学美学的分支学科。所以,我们可以认同,美学和生态美学的研究的哲学基础应该是20世纪以来所发展的"关系性哲学",或者叫"间性哲学""交互性哲学",也就是反对传统的形而上学的追问世界根源的实体性,而着眼于世界根源的"关系性""间性""交互性",但是不能简单地把美学和生态美学的哲学基础归结为"主体间性哲学"。因为实际上,世界上的存在之间不仅仅具有"主体间性",还有"主客体间性",也有"客体间性",当我们研究人对自然的审美关系的时候,就不仅仅是人与自然的"主体间性",还有人与自然的"主客体间性",还有人与自然的"客体间性",只有在这些"关系"之中,才可能探讨清楚生态美学的规律性。此外,我们认为,人与自然的"主体间性"是一种意识的、想象的、艺术的结果。在现实中,实际上,无生命的或者非人生命的自然界的存在是不可能成为真正哲学本体论意义上的"主体"的。按照现在通行的解释,"主体"作为哲学范畴应该是:"哲学范畴。与'客体'相对。指具有意识的人,是认识者和实践者。""主体与客体,用以说明人的实践活动和认识活动的一对哲学范畴。主体是实践活动和认识活动的承担者;客体是主体实践活动和认识活动的对象。"根据这些权威词典的词义解释,主体应该是有意识的、自觉的、主动的存在者,而现实中存在的任何与人相对的自然存在物都不可能是哲学范畴意义上的"主体",而只可能在人的意识之中、想象之中、艺术作品之中成为"主体"。所以,笼统地、一般地说"主体间性"应该是生态美学的哲学基础就是不妥当的,不精确的,不完全的。而且,抽象地说,当代的"主体间性哲学"要代替传统的"主体性哲学",也是没有现实的和历史的根据的说法。实际上,传统的哲学也不完全是"主体性哲学",当代的哲学也不完全是"主体间性哲学",而是二者都有其存在的理由和价值,都应该在一定的范围和域限之内对美学和生态美学的研究发生作用,超过了它们的一定范围和域限就会产生荒谬的结论,真理向前超出半步就是荒谬。而且西方哲学所谓"主体间性"的概念,不论是胡塞尔的"主体间性",还是海德格尔在胡塞尔的"主体间性"基础上所阐发的"共在",或者是马丁·布伯的"我与你",甚至是巴赫金的"对话",哈贝马斯的交往理性的"主体间性",都是有其特殊的语境和含义,也有其策略性、局限性、偏激性,必须对其进行甄别和批判借鉴。我们不能跟着西方现代主义和后现代主义的思路亦步亦趋,我们应该走自己的路,走全面、科学、系统、可持续发展的发展之路。

所以，我们认为，主体间性，作为现代主义和后现代主义哲学和美学消解启蒙主义的现代性的主体－客体二元对立的主体性哲学的策略，是有其方法论上的合理性的。但是，如果看不到主体间性的片面和偏激，反而把它奉为神灵，那就只会使自己陷入后现代主义早已在其中挣扎的泥沼之中。

实际上，在人对自然的审美关系之中，"主体间性"概念，并不具有本体论意义，因为在存在的本原和方式上，人对自然可以是主体，但是自然对人却不可能成为现实存在的主体，而只可能在人的审美想象、审美移情、审美意象等等审美心理现象之中成为"主体"，所以，"主体间性"在人与自然之间不可能成为现实的存在本原和方式，而仅仅是一种意识的现象，那么，"主体间性"就不可能成为生态美学的本体论哲学基础。换句话说，我们不能把生态美学的哲学基础放置在非现实的存在及其本原和方式之上。那样的话，建立在"主体间性"的"哲学基础"之上的生态美学就不可能真正现实地解决当前人类所面临的生态环境的一系列问题，那么，这样的生态美学就只能是一种"玄学"，人与自然的平等、对话、交流都只能是一种"意向"，一种"愿望"，一种"设想"，根本就不可能付诸现实。

从认识论来看，"主体间性"对于生态美学也是不合适的。人的一切意识（认识）都是对一定对象的意识，然而，在人与自然之间，在人对自然的审美关系之中，人永远是意识的主体，自然永远是意识的客体，无论在什么情况下，自然都不可能成为意识的主体。就是在艺术作品之中自然物成了意识的主体，可以有认识、情感、意志，那也是拟人化的结果，也是想象的产物，并不是现实的意识主体。所以，认识论之中就必然有主体和客体之分，这也是为什么16—19世纪西方哲学完成了"认识论转向"以后就流行"主客二分的思维方式"的根本原因。

从价值论来看，"主体间性"更是不合适的。马克思说，价值是"表示物的对人有用或使人愉快等等的属性"，"实际上是表示物为人而存在"。马克思又说："随着同一商品和这种或那种不同的商品发生价值关系，也就产生它的种种不同的简单价值表现。""例如在荷马的著作中，一物的价值是通过一系列各种不同的物来表现的。"因此，可以说：马克思主义哲学认为"价值的一般本质在于：它是现实的人同满足其某种需要的客体的属性之间的一种关系。"根据以上所述，我们可以说，马克思主义的价值论是一种实践价值论。首先，实践价值论认为，任何事物的价值的根源都是社会实践。正是在人类的社会实践之中，由于人的需要使得人与现实事物发生了各种关系，才生成出了事物的某种价值。这就是价值的实践生成性。其次，实践价值论认为，价值的本质是一种关系属性，而不是一种实体属性。正是在人类的社会实践之中对象事物的某些性质和状态满足了人的某种需要就使得对象事物与人发生了某种肯定性的关系从而具有了肯定性的价值。

二、中国传统哲学中的生态美学思想概述

在我国博大精深的传统哲学思想中，万物之理皆在"天、地、人"三者之中。"原天地之美，而达万物之理"是中国传统哲学中的生态美学思想的核心内容。中国古代智者认为只有"有无相生，主客相容，虚实相交"才能在人生体验的动人境界中体现作为美的本质的"道"。善待万物，尊重万物的自然本性是传统哲学中审美活动的基本行为规范，要求人以审美的高度来关照整个生态系统，在丰富多彩的生产劳动中探索人类的丰富性。我国传统哲学主张在阴阳交变、四时更替等自然常情中悟道，主张在鱼浮于水、鸟栖于树这样的自然本性中获境；于人于物没有一丝一毫的强行划定，任人任物以单纯的心境来感受，美的境界全在万物运行的常情中自然敞显。这样一种观念，从深层上揭示了宇宙、人类存在的真谛。以易、儒、道、释、禅等传统哲学学派为代表的古典哲学中蕴涵着丰富的生态美学思想，这些思想构成了当代生态美学体系的核心内容，引起了对传统哲学的追溯和反思，也在文学、设计、艺术等运用美学上的应用有着深刻的启示。这些思想观念所衍生出新的艺术创作和表现形式将成为艺术界新的主流文化。

（一）传统哲学中生态思想的起源

《周易》成书于周朝，距今有3000年多年的历史，是我国历史上最重要、最完整、最系统的著作之一，它体现了中华民族在认识世界的初始阶段所表现出的宽阔胸襟和伟大智慧。它体现了古人对于天文、地理和人文的仔细观察和深刻思考，并从中体会人与天地之间和谐共生的关系，构建了"天人合一"的初期形态。《周易》主要以卦、爻辞表现出来，除了预卜凶吉的原始意义之外，其中更深刻的意义是把人与自然统一起来去寻求生命的意义和规律。生命源于自然并且不能脱离自然而单独存在，二者处于相互感应相互作用的关系之中，是一个融会交流的有机整体，这便是朴素生态思想的成形。其中将生命作为天地间最伟大的品质加以赞颂，并将其表现为天地、人和社会，它不仅是一部"生命之书"更是一部"生态之书"。"生生之谓易"中"生生"二字表现了"生"的多重含意：它既可以是动态的生命表现，也可是今天的生物体和生命存在；既可以是产生生命的生产过程，也可以是交替生息连绵不绝的生命之流。《周易》中自然万物皆是阴阳二气化成，不存在主体和客体之分。山川流水、日月风雨皆有生命，这是古人生态观的集中体现。

"变"和"通"是《周易》中另一个重要的生态美学思想。"变"与"通"一方

面内在地表现在《周易》(尤其是《易经》)每一卦的六爻以及六十四卦之间的周流不止、变动不安的规律中;另一方面又外在地表现在《周易》(尤其是《易传》)对这种内在变动规律表述中。《周易》中的"变通"观念向我们揭示了基于"生生之本"的生态系统的基本属性,同样也揭示了其生态美学的基本特点。有了变化生态系统的持续发展才有了基础和可能,有节律的循环发展即使单个生命个体的发展规律也是整个生命体系的发展规律。个体生命都有其死亡的那一刻,但是作为众多物种的有机整体,作为生命有机融合的集团,生态圈却能够循环不息,发展不止,它有着自身独有的节律,这种节律感使得众多生物同周围的有机和无机环境融为一体,原有的在局部和阶段上的局限性就被突破和超越了,这种超越不是数量上的简单增加,而是整体意义上的发展和繁荣。

《周易》中也充分表现了"合"的思想,"与天地合""与日月合""与四时合"充分地表明了人与天地自然合成一体的思想。这种"合"有两个方面的含义,一个是充分发展的人,一个是充分发展的自然,故而这里的"合"就不是一般现实意义上的结合,这是一种基于发展,面向未来,指向繁荣的共生的全面之"合"。综合而言,《周易》中的生态美学思想主要集中在"生""变""通""合"这四个字上,其后的传统哲学思想的发展也传承和发展了这些主要生态思想内容。

(二)道家"道法自然"的生态美学思想

道家的思想是一种自然主意的思想,其中最高范畴和核心思想就是"道"。"道"不仅生成天地万物,而且还决定了天地万物的存在和发展。"道"生万物的过程是有其自身矛盾而不断推进生命运动的过程。道家的思想认为体"道"的过程就是审美的过程,老子对"道"的阐述以及庄子继承老子的朴素的自然主义思想,钟情大自然,视自然为真善美的源泉,在自然中寻求自由和精神寄托,以实现和自然的心领神会和情感沟通,这也是传统哲学中对审美的最高境界的阐述。

道家的哲学思想是中国美学的起源,它体现了审美客体、审美关照、艺术创作和艺术生命的一系列思想体系,也是中国美学平淡朴素的审美观点的发源。为后来的美学创作提供了依照和参考的根据。

以老子"道"为开端的生态自然思想,奠定了《道德经》中的生态美学的基础,同时对于中国传统美学精神和传统美学的形成起到了决定性的作用,"道法自然"形成了"生态之道美"的自然审美意蕴,并从"道"出发,为实现生态自然美推出了生生不息、生趣盎然的生态系统。道家生态美思想的本源是"自然美"老子主张自然无为、真朴淡然的生态美思想表现在自然观上,就是顺其自然、纯真素朴、淡然若无,并将其作为审美艺术的最高审美标准。道家的生态审美观以超功利的审美体验来理解自然万物，将自然界看作是美感的最终来源，从而实现人与生态自然的和谐统一，以老子为代表的道家思想倾向于自然化、生态化，从生态系统的角度界定了美的本质。

（三）儒家的"仁爱"及"天人合一"思想

儒家的思想核心是"礼"和"仁"。孔子一生都以"礼"为规范，以"仁"为最高追求。在儒家的思想中对待万物都应以友善爱护的态度，天地万物是人赖以生存的基础，不能任意破坏和消耗这些物质资源。"仁者爱人""伐一木，杀一兽，不以其时，非孝也"这些孔子的思想观点都体现了他将对自然环境的态度提升到道德品质要求上来。儒家提倡"中庸之道"、讲平等、重关爱，世间万物要"各正性命""各能自尽""无相争夺"。这些思想深刻影响到中华民族的处人处事态度，和对待自然的态度。儒家是对构建传统哲学核心"天人合一"思想贡献最大的学派，它继承和发展了先前的道家、墨家的自然观和社会观，在社会伦理和社会政治方面提供了理论依据和执行规范。"和"是儒家思想的核心内容，体现的是以整体为美，将天地、艺术、道德看作一个有机整体，并且以丰富性和多样性来表现这样一个整体。儒家强调美学的重要性以及美学欣赏对于人的发展和社会进步的积极作用，是人性化设计思想的起源。儒家的思想体现了一种对人的关注，承认人思想的重要性和不同道德观念下人的个体差异，以及由这种差异所引起的审美差异，这为后来的多样化艺术形式奠定了基础。

（四）释家、禅宗的"清、静、超脱"的审美情趣

释家和禅宗的审美观是传统生态审美的集中体现，它是建立在人与自然共生一体的基础上对人生的透彻领悟。禅宗反对主客对立，主张"无我""无物"，追求"物我合一""神灵合一"的至高精神境界。"空""悟""静"是释家、禅宗美学思想的要点。禅宗讲究"本心清静""物我两忘"，主张用一种"清""静"的审美情趣去体会人生、体会自然、体会世界。

禅宗的审美哲学实际上是一种追求生命自由的生命美学。佛学强调以无物之心观色空之相，佛学大师慧远说："心本明于三观，都睹玄路之可游，然后练神达思，水净六府，洗心净慧，拟迹圣门"（《阿毗坛心序》）。最富中国韵味的佛家宗派禅宗对中国艺术影响尤为深远，禅是止观的意思，它是一种体验，无论是南顿北渐，都强调宁静的心灵参悟。禅是动中的极静，又是静中的极动，寂而常照，照而常寂，动静不二，直探内在生命之要义。禅宗的审美思想直接引导了讲究韵味和灵性的传统审美情趣，中国美学传统中最为核心的范畴——境界也正是因此而诞生。这个心造的境界以极其精致、细腻、丰富、空灵的精神体验重新塑造了中国人的审美经验。

中国传统哲学中所包含的生态美学思想是我国民族特征和文化特征的根源所在，传统哲学中的生态审美智慧构建了具有民族特色的传统审美风格，也引导了传统艺术形式的丰富性和多样性。中国传统的造物哲学和艺术表现形式也无不体现出传统哲学中对人、生命和世界的认识和态度。深刻理解中国传统哲学中的生态美学思想是研究和发展中国传统艺术和现代本土化设计的必要前提，在产品设计中运用传统的生态审美思想是提升产品的生态意义和民族审美价值的有效途径。

三、生态美学的设计哲学

我国传统造物文化中的生态美学思想展现出了多样化的表现形式。传统的艺术作品和器物从审美实质上体现了古人对人、自然和世界的认识和体会。相对于现代的产品设计理念来说，传统的造物哲学思想是相当严谨的。与其说传统的艺术形式是对世界的认识和创造不如说是对创作者的人生观、世界观、认识观和审美观的阐述。从距今 5000～7000 年历史的仰韶文化对自然界的崇拜，将对自然的表述和人类的创造力结合与彩陶的造型和纹样之中，到近代工艺美术对人类的生活和自然形态的精确和传神的描述以及高超的表现技术手段，都体现出我国民族性和历史性的审美观念和情趣，那就是对生命的思考和对自然的关照。

"美学"不仅仅指"美"的表现形式和"审美"行为，还包括人类对于有形或无形、抽象或具象、意识或形态的感知。它所体现的是一种人和外界环境所体现出的调和状态，是一种审美行为的规律和原则。中国传统美学是传统哲学在审美和创造美中的体现，文学、艺术、设计、制造、自然科学等是美学的表现形式，其中的精髓仍然是传统哲学中所体现的朴素的人生观、世界观和认识观。"技术美学"虽说是一个在现代产生的美学概念，它主要指物质生产和器物文化在美学问题上的应用研究。但是在传统艺术和造物文化中也广泛体现了技术美学作为应用美学的整体范畴的发展和逐渐形成的民族文化特色。传统的技术美学主要体现在人们在各种创作行为中所表现出的审美原则和尺度，统一于传统哲学和美学思想观念之中。经过认识规律的总结和沉淀形成具有民族性的审美观念，再经过人类创造性活动将人类的情感和审美态度加入到特定历史阶段的认识形态之中，则形成了丰富多彩的传统造物文化。

"设计"是文化艺术和科学技术的结合物，设计产生的过程从人类对自身和世在中国传统生态美学观念引导下，造物者在设计之初力求实现对生态系统的审美关照，成为生态设计的核心内容。其造物原则要求源于自然、融于自然，以追求人与自然的和睦共处，从而达到自然界生态平衡和艺术需求的心理平衡。中国造物文化最典型的特征便是对艺术作品人文意义的关注，即其社会属性的发掘，而这种人文主义的精髓也在现代艺术设计文化中慢慢渗透发展并形成一个体系。这个体系中蕴藏了中国文化的传统精髓，浩如烟海，博大精深。本文试从设计审美的角度出发，从这个大的体系中取最有代表性的几个命题，进行归纳论证。

（一）仁爱：造物人情观

《孟子·离娄下》："君子所以异于人者，以其存心也。君子以仁存心，以礼存心。仁者爱人，有礼者敬人。爱人者，人恒爱之；敬人者，人恒敬之。""仁者爱人"，就是去爱别人、帮助别人、体恤别人。"仁爱"的哲学思想在儒家上升到极致，在中国几千年的历史当中对政治、经济、文化等各个方面都有着潜在的巨大影响力。这种"仁爱"为本的思想在传统的造物文化中有着广泛的体现，在传统造物文化中，这种理念往往会借助事物的外形、体态、色彩和图饰等喻示某种人生理想或伦理观念。中国传统陶瓷器物中瓶罐的喙、瓶颈、瓶肩、瓶腹、瓶底等部件恰好对应于人体结构的不同部位，部件名称也较形象地借助于人体结构名称，形成了上下呼应、作用对称、形体连贯的造型美学形态，器物造型由此充分体现了对人的关怀，从中不难窥见"仁爱"的理念对传统造物文化的深刻影响。

以人为本的设计理念亦起源于儒家的"仁爱"审美情怀，在现代艺术设计中人们可以处处体会到"仁爱"理念对现代造物观的巨大影响。例如在现代产品设计中，设计师在认真考虑产品功能性质的同时会充分考虑这种产品的功能是否符合人类社会和谐发展的要求。考虑如何通过强化产品的功能和特性传达对人们生活的关怀，同时希望将积极向上的生活方式和健康乐观的情感通过产品传递给产品使用者，给人一种乐观向上的感受，达到传统造物文化中的和谐，即人、物、环境三者之间的和谐。将"仁爱"的造物哲学融入现代建筑设计中，引导设计师更加注重内外部环境的交融和对外部已有环境的合理利用，将人类的生活环境合理地融入自然的有机体中，抛弃了盲目追求高大和外观好看的潮流，而更注重对人类心灵的关怀，增加人与自然的和谐沟通。例如，中国美术学院象山校区，就是将"仁爱"这一生态造物理念表现得淋漓尽致的现代艺术典范。设计师在设计时充分考虑受众，把对受众的关爱作为整个建筑设计核心目标。这里完全有别于大众眼中的校园，没有高楼大厦，没有水泥大马路，取而代之的是精致诗意的中国传统园林、具有独特空间语言的淳朴田园，利用已有的山水对整个建筑群进行合理布局。整个园区由一个个场所处处小山小水构成，这里房子和山水就像是人和人之间互相对话、互相呼吸、互相唱和，让人更加安静平和，同时让人们在潜移默化中感受到传统建筑文化与现代文化的交融，让人们体会到一种非常的人文精神。

（二）气韵：形态的审美要素

中国最早的关于"气"的阐述出现于西周时期，幽王二年（公元前780年）发生了地震，伯阳父从气的角度来阐述地震产生的原因。春秋时，由于将气与五行结合，气论变得更加多样性。战国时，各种气论随之而出，孟子首先提出"浩然之气"说。之后北宋的朱熹又将"气"与造物说相联系，指出："天地之间，有理有气。理也者，形而上之道也，生物之本也；气也者，形而下之器也，生物之具也。"中国美学理论也有对气之审美的各种阐述，譬如"养气"（孟子、庄子）、"气韵"（谢赫）、"志气"（刘勰）、"神气"（方东树）、"骨气"（刘熙载）等。徐复观说过，若就文学艺术而言，气则指的是一个人的生理的综合作用所及于作品上的影响，凡是一切形上性的观念，在此等地方是完全用不上的。一个人的观念、感情、想象力，必须通过他的气而始能表现于其作品之上。同样的观念，因为创作者的气的不同，则由表现所形成的形象也因之而异。支配气的是观念、感情、想象力。被气装载上去，以倾卸于文学艺术所用的媒材的时候，气便成为有力塑造者。所以一个人的个性，以及由个性所形成的艺术性，都是由气所决定的。

传统的造物哲学将人与天地万物的感应、沟通、影响都归结于"气"，通过"气"，人与自然才会有交融，才会产生来自本源的亲近感，这正是"万物同源"的思想。"气"本身也有阴阳、刚柔、清浊之分，表现流畅协调的为"韵"，表现对比冲突的为"动"。古代哲人设计了"气"的象征符号——阴阳太极图，这一神秘符号中蕴含着无穷的生态哲理，其中蕴含的气韵表现尤为突出。中国明代家具和宋瓷是最具代表性、艺术成就最高的两种造物形象，它们不单单在外形上登峰造极，两者所蕴含的独特气韵，以及处世风骨和自尊自爱的哲学思想对现代艺术文化也有着极大影响。中国绘画也是典型的"气韵"艺术，即画面的感觉绝不是由眼所感觉的，而让人感到恰是从自己胸中迸发一样，是由内感所感到音响似的。由此可见，"气韵"内在所能带来的经久不息的咀嚼与反响便成为中国的美学范畴和审美趣味。

纵观中国传统工艺美术作品，其中对于造型中"气韵"的表现形式是丰富多样的。通过对自然界生命万物内在形态的观察和感悟，以及对产生生命形式的事物本源进行思考，将这些体会和感受用多样化的形式表现出来，更加注重作品的意蕴，注重作品的精神内涵，把这种观点体现到现代艺术设计中可诠释为"以意制形，以形取意"。2008年奥运会的宣传画就将书法的表现形式融入其中，用具有中国特色的太极拳人物形象与代表奥运的五色环结合构图，寻找传统艺术中书法和太极拳的共同点，将传统文化精髓的内在神韵表现出来，画面中太极拳的意蕴与书法的气韵，巧妙而直观地传递出设计者的意旨——中国的奥运，画面气势磅礴，犹如一股有力的动态气流涌出画面,让受众感受到中国这一东方古国的神秘威严。

(三) 自然：理智的审美态度

老子在《道德经》中说："人法地,地法天,天法道,道法自然。"他认为"道"是宇宙万物之源,他从"道"的高度来观察一切事物,意为道化生万物,皆自然无为而生。他认为"自然",就是事物自身应用的规律及事物自身的本质特征,是自然而然、绝没有人为的主观因素与干预。道家强调造物应顺应自然,率真随性,以"无为""虚静"为美。造物者应从其中体会自然的造物之道,保持平静豁达和释然的心态,如此才能创作出优秀作品。

在道家崇尚自然的审美意识关照下,木材往往成为造物的基本元素,木材的生命特质与人的生命内在有着潜在的相同性,择木似乎暗喻着宇宙天地生生不息的生命轨迹,这种选择正符合了中国传统造物文化中顺应自然的无为原则,而这种观念又与中华民族天人合一的文化精神相契合。由于木材在自然中形成的"朴素自然"审美特性得到造物者普遍认可,因此在中国传统物件中木材的应用得到了充分的展现。在中国古代家具中木材的选用以及"榫卯"造物技术是最能够体现道家的自然造物原则的,在中国古代家具中通常看不到一钉一铁,所有部件都是利用对木料结构的巧妙处理,通过阴阳互抱的关系来完成固定和连接,这就是"榫卯"。其造物技术以及选材恰好符合了道家的"道生一,一生二,二生三,三生万物,万物负阴抱阳"的道化生万物的造物原则。

对于现代艺术设计来说,同样可以用这种"朴素自然"的方式来呈现作品的美学价值,将材料的原生态美融汇于设计、形式以及结构安排之中。宁波博物馆可以说是自然材料与废旧材料再造的成功案例之一。此作品最令人叹服的就是对废旧资源的回收再利用,宁波老城改造拆下的旧砖旧瓦经过设计在作品中重新焕发生机。旧砖瓦和混凝土结合形成的古老而又新颖的"瓦爿墙"成为博物馆的外墙。在"瓦爿墙"上设计师又运用江南本地特有资源——毛竹和现代混凝土结合形成特殊的土墙,自然材质和现代材料的创新组合在博物馆墙体上呈现出独特的肌理效果,材料散发出来的色彩和质感与自然环境融为一体,让人们通过材质感受到历史沉积和时代的变迁,而对废旧材料的再利用又充分体现了节约资源,循环再造的中国传统生态美学的原本,为无生命的物质赋予了新的生命和使命,全新的创造成为自然表现的极致。此例就是造物材料取自于自然,回归于自然,发挥其最大使用效益的最佳证明。此外我们还可以看到很多现代产品拥有着时尚的外观却采用着最自然的材料,比如威廉·莫里斯工厂生产的椅子、新艺术风格的台灯等都大量采用自然植物,这种师法自然的造物方式赋予了产品新的生命,在创造及使用过程中,挖掘原有材料的特殊属性，进行创造性的开发利用，使材料美学价值得到最大程度的体现。

（四）和合：整体的审美感受

"和合"观念，较早见之于《国语·郑语》："商契能和合五教，以保于百姓者也。"古人认为和合是修养道德的目标和对于这种目标的追求。"和合"是将不同的事物在已有矛盾和差异的前提下，把彼此统一于一个相互依赖的和合整体中，并在不同事物和合的过程中，吸取各个事物的优点，使之达到最佳组合。将自然、人、艺术、道德等融为一个有机整体，并以"和合"的方式融入艺术创作是中国的古代艺术家始终追求的目标。在中国造物文化中，汉代的漆器可以说是最具代表性的"和合"之美的典范。《盐铁论·散不足》说"一杯用百人之力，一屏风就万人之功"，由此可见汉代漆器器物造型、制作工艺、装饰等都首屈一指。汉漆器的实用性和美观性结合，艺术和道德结合，都成为其标志性的特征。其中以内装七只耳杯的"漆耳杯套盒"最为著名，其充分利用空间，器物套合严密，制作精美，功能多样化，同时器物上书写封爵或姓氏，以显示拥有者的地位和尊贵，可见汉代漆器的"和合"之美正是将丰富多彩的美和各种形式的美统一在自然物件之中，注重各元素相互协调，使其融于产品优美的形态和精巧的加工工艺之中，并将精神内涵融入其中。

中国文化中，"和合之美"是贯穿始终的文化精髓。这一美学理念已经在现代艺术设计文化中成熟地发挥作用，自然、人、社会中的各种元素在相互冲突、相互融合的过程中组合形成新的事物、新的生命、新的艺术形式，体现着对立面的结合和吸引。比如将"和合"的造物精神引入现代产品设计中，产品就已不是只有形的物体，还包括在整个使用过程中使用者的体验和感受，以及产品使用过程中技术美、形式美和体验美的结合。如何将产品的外形、产品的功能、产品的情感传递给消费者，产品与消费者之间的互动及交流、结合才是整个产品的设计目标。比如"Floatingmug"漂浮的杯子，杯子外形设计是将水果架和杯垫、杯子等几个事物结合，通过设计师精心的设计，杯子不光具有独特的外形同时还解决了杯底会烫坏桌面的问题。杯子远看仿佛是漂浮于空气之中，杯把和杯身相连形成优美的线条，陶瓷光滑的质感又进一步美化了器物的形态，给人一种奇特的视觉感受。此刻，作品中的各元素以动态的平衡代替了静态的统一，各个细节、元素相互结合、相互影响，力求以最完美的外观造型同时呈现于产品之中。

近现代建筑艺术也正在探索与中国古代"和合"哲学思维的结合点，在中国近现代建筑中不乏将中国古代哲学与西方思想，西方建筑与中国传统建筑相互包容、相互结合的成功案例。以武汉为例，由于其特殊的地理环境和社会背景，在当地有不少建筑中西方文化并收，将矛盾融合而成新的建筑风格。比如武汉大学图书馆，这座建成于1934年的建筑将中国清代建筑样式和西方最典型的拜占庭、哥特式等建筑形式融为一体，中国古典建筑中的朱雀、额枋、单檐、瓦作等穿插于建筑外观，内部装饰采用欧式柱与中式的回纹巧妙结合，哥特式建筑与中国古典建筑特色融为一体，整个建筑中既有中西建筑形式的融合，又有中西装饰手法的融合，还有中西建筑材料的融合以及中西文化的结合。整幢建筑的每个小分支都有着潜在的连接，建筑和谐统一，自然天成，这正是"和合"的哲学造物思想的充分体现。

在现代艺术设计文化中，"和合"的造物哲学不仅是构筑"天人之和""社会之和"和"身心之和"的整体，更是造物文化的理想追求。

中国生态美学的造物哲学体现了中国这个古代东方民族的生态直觉与生态智慧，其中始终强调"人、物、境"的协调关系，"人与人、人与物、物与物、物与境"的有机结合。从设计是为人造物的行为中，我们体会更多的是"造物是一种充满人性的活动"，同时"设计必须服从被设计的对象"，从设计以人为本的本质中，以艺术的形式不断改造和挖掘人类智慧与创造力。我们将中国传统生态美学观注入现代艺术设计理念之中，通过艺术向人们传达这些积极有益的生活审美态度，是设计对传统文化精髓的继承，同时也能体会到当代设计的价值与标准。

第三节 生态美学的构建

生态美学这一学科在中国建构的时间并不太长，大约30个年头。从1987年鲍昌主编的《文学艺术新术语词典》开始，中国人第一次在书本中提到"文艺生态学"这一概念，这一概念包含了后来生态美学的内涵雏形。直到1994年李欣复发表的《论生态美学》一文，阐述生态美学产生的时代背景、生态美学的具体内涵和现实意义。进入20世纪，中国生态美学学科的建设，取得长足发展，并取得一系列有分量的成果。纵观当代中国生态美学的建构，通过借鉴西方生态伦理学和存在论哲学的理论成果，挖掘中国古典美学的理论资源，形成了独具特色的美学研究的新范式。

一、生态美学构建的三大理论基础

（一）生态美学构建的哲学基础

生态美学是以生态存在论为哲学基础的美学。

海德格尔作为20世纪最具有影响力的存在论思想家，对存在的探讨与追问，引起了世界哲学长久的反响和讨论。他的存在主义哲学影响深远,存在论思想对于当代中国美学的建设,起到了积极的引导和深化的作用。特别是对于当代中国生态美学的建设,在方法论上,提供了极为重要的启示意义。

海德格尔的存在论思想充分地吸收胡塞尔的现象学方法,在悬置"存在者"的过程中,让存在最本真地呈现在大地之上。通过对现象学方法的运用,海德格尔提出了存在论的哲学基础,此在存在的"在世界之中存在"(In-der-Welt-sein)。"在世界之中存在"是此在之存在情态,或者说是此在存在的基本建构。"在世界之中存在"不是某种叠加起来的存在事物,它意指的是一个统一的现象。"在世界之中存在源始地始终地是一整体结构"。这种源始的整体结构绝对不能等同于传统认识论的现成存在,这种存在只是一种范畴性质。如水在杯子中,衣服在柜子中。这些摆在世界之内的事物,只是处所意义上的共同现成存在,"它们属于不具有此在式的存在方式的存在者"。"在世界之中存在(In-der-Welt-sein)并不是说:出现在其他事物中间,而是意味着:照料着照面世界之周遭而在那里栖留"。人在世界之中存在一刻也不可分离,人生在世的这种照面不是世界与人的清晰可见的组合,这样的组合只能是差强人意地在主体与客体之间做些智力游戏。无论他们花费多少心思,在主体与客体、身体与精神、知性与理性之间进行演绎,也不可能把活生生的生存现象显现出来。"人生在世指的是人同世界浑然一体的情状。在世就是繁忙着同形形色色的存在者打交道。人消融到一团繁忙之中,寓于他们繁忙的存在者,随所遇而安身,安身于'外'就是住在自己的家。人并不在他所繁忙的事情之外生存,人就是他所从事的事业"。"在世界之中存在"展现了人生在世的浑然一体。

"在世界之中存在"点明了人与世界的不可分割,它是对传统认识论把人与世界界定为主体与客体的思维方式的批判。传统认识论以主体为中心,来界定世间的万事万物,从而使得客体成了主体的附庸,是主体中心论的典型代表。"在世界之中存在"不但弥合了传统认识论的这种主客二分的思维方式,而且回答了主体客体如果要成为可能,就必须首先解决他们的来源基础,如果这一问题不能得到解决,那么所谓的主体与客体必然是空洞的。海德格尔的"在世界之中存在"先行一步地回答了人生在世的基本特征,也回答了知识、文化、文明、实体、概念等等存在者之所以可能的根基在于何处。正如叶朗先生所写:"人生在世,首先是同世界万物打交道,对世界万物有所作为,世界万物不是首先作为外在于人的现成的东西而被人认识。人在认识世界万物之先,早已与世界万物融合在一起,早已沉浸在他所生活的世界万物之中。人('此在')与'世界'融合为一的关系是第一位的,而人作为认识主体、世界作为被认识的客体'主体—客体'的关系是第二位的,是在前一种关系的基础上产生的"。存在论思想呼唤哲学沉思不应该在逻辑演绎中度过余生,还是应该回归活生生的存在世界,这种世界是人与自然、社会一刻也不能分离的世界。

"生态存在论"主要是建立在"存在论"哲学、生态科学发展的基础上的新型理论,它肯定存在是世界本然的存在状态和方式,反对在现实世界之外寻找存在的本质和依据;主张结合古代直观整体论和当代生态科学、复杂性科学的成果,将存在理解为包含人、社会在内的整个大自然的存在,即把存在看作是由"人—社会—自然"组成的"三位一体"的统一有机系统整体。"生态存在论"主要有如下三个方面的基本特征:第一,生态存在论继承了系统论的整体性特征,认为生态存在不是人、社会和各种其他自然事物的零散的存在,而首先应当是整体性的存在。它在肯定人、社会和各种自然事物等各要素之间相互作用构成生态存在整体的基础上,否定生态存在整体等于各部分事物和人简单相加之和的机械观念,坚持生态存在系统具有自身特定的质,是由人、社会和各自然事物等内在各要素之间非线性相互作用形成的有机生态整体;特殊生态系统又存在于更高一级生态系统环境中,受更高一级生态系统规律、状况、发展趋势的影响,这种生态系统的整体特性就是其从所处系统环境中获得的质的规定性。第二,生态存在论认为,人、社会和各种自然事物的生态存在具有有机性,它们是有机系统整体。它从生态科学观念出发,肯定人、社会和各种自然事物的生态存在的有机性,而且把有机性理解为生命、生态系统自身具有的自组织、自调节、自选择能力,把整个世界描绘成由人、社会和各种自然事物相互渗透、相互作用、相互协调、不断进化的有机的统一体。第三,生态存在论认为,人、社会和各种自然事物的生态存在具有过程性。从自组织理论出发,把存在如实地描述为关系性的、过程性的和实体性的存在的统一,把自然生态过程视为统一的自组织运化过程,坚持不同层次的"实体存在"、不同层次事物之间的联系都是在统一运化过程中形成、演化的观点。

"生态存在论"是建立在生态科学、复杂性科学理论发展的基础上的新型理论,是对科学理论的概括和升华。它是对近现代机械论世界观、传统形而上学本体论的否定,是在更高层面上对古代有机整体论的扬弃和复归。"生态存在论"包括哲学意义上的本体论和自然观,是建立生态美学的哲学基础,是生态文明时代精神的必然产物。生态美学就是"生态存在论"哲学在社会实践领域的具体应用。以"生态本体论"为基础的生态美学作为一种新的美学范式,是自然的人化与人的自然化有机统一的新的科学的美学范式。生态美学针对现代性过分强调自然的人化,把人凌驾于自然之上的人类中心主义的偏颇,还强调人的自然化,重视自然生态规律,把人作为生态系统的一部分,强调生态系统的整体存在和演化规律;同时,生态美学又肯定人与自然万物的差别，肯定人的主体性，肯定人的认识实践能力和人的智慧，肯定生态美学建设是建立在人的现实认识实践基础上，主要依靠人对人与自然关系的重新认识、反思、协调和重构。生态美学的产生和发展是历史的必然，是人类对消除人与自然关系严重异化要求的时代呼唤，是生态本体论时代的精神体现。

存在论思想这一主张为当代中国生态美学提供了极其重要的方法论启示，即人类与世界须臾不能分离，人生在世本浑然一体。因此，必须打破人类中心主义的迷障，回归众生平等的世界存在，这里众生平等不仅仅是人类全体，还应该包含自然世界万物存在。在海德格尔后期思想中，"天地神人的四方游戏"就包含着这种众生平等的观念。同时海德格尔又指出，所谓的平等，不是简单的罗列与价值评判；它应该呈现出的是和谐、亲密、嬉戏的存在境界，是一种其乐融融地的欢乐祥和。海德格尔写道："天、地、神、人之纯一性的具有他的映射游戏，我们称之为世界。"海德格尔认为天、地、神、人的统一就在于说到其中一方，其他三方也必然包孕其中，海德格尔把这种包孕称为映射（Spiegeln），这与时间性的相互传递和嬉戏（Zuspiel）有相通的地方。世界就是在四方的相互转让和映射中到场，海德格尔把此种到场叫作四方统一四化（Vierung），即四重整体的统一性。这里的"四化"不具有时间的前后相继，也不是把四方现成地摆在那里的相互并列，而是一种"相互信赖"的交融。在海德格尔这里，天地神人的四方游戏并不是及时行乐，而是把人类生存引向诗意地栖居；而栖居就是对四重整体的保护。在拯救大地、接受天空、期待诸神和护送终有一死者的过程中，人类完成了对栖居的占有。栖居不仅要拯救大地的内核，接受天空的赐予，还要呼唤神的降临以及人之本质的回归。栖居也保有着物与器具的本真世界，因为物与器具也是在大地的照料和天空的呵护下成长起来的，所以真正的栖居应该把天地神人的艺术意境馈赠于物与栖居的存在之中，让物和栖居成为它们自身。物和器具成为它们自身，具体来说，也就是天地神人四方游戏的展开。物和器具一旦进入栖居的视野，它们就不单单是物和器具，而是一种馈赠和奉献，馈赠和奉献正是栖居之本质保护的核心内涵，四方游戏至此才不是简单的游戏，而是诗意生存的审美呼唤。

（二）生态美学构建的价值论基础

生态美学是以生态环境价值论为基础的美学。生态环境价值论，就是人类在生态本体论时代对人与自然万物及其生态系统的价值关系独特新颖的基本看法和观点。它主要是针对近现代人类本体论时代的主观主义工具价值观，肯定价值的客观存在，重视自然的内在价值和生态环境系统的价值，并重新阐述人与生态环境的价值关系。生态环境价值论是从生态学的角度对传统的价值论进行反思，在新的自然科学基础上发展而成的新型价值论。它从价值论的学术框架出发，对生态系统、人的生态环境以及其中多样化生物的价值进行探讨，结合生态保护的要求改造已有的价值论或为价值论提供新的内容。它是对人类本体论时代价值观的突破和超越。生态环境价值论主要是哲学、文化意义上的价值论，主要探讨的是价值的本质、价值的具体表现形式等问题。它在首先承认人是自然界当中具有自主性、独立性和主观能动性的特殊存在的基础上，肯定自然生态环境的价值，肯定人和自然万物及其生态环境系统都具有自身存在的内在价值和外在价值，并认为它们都可以成为价值主体和价值客体，它们的内在价值和外在价值既有区别，又是内在统一，即两者的关系是对立统一的关系。

同时，它还确定了人类对自然环境应尽的责任和义务。生态环境价值论的核心内容集中体现在对"生态环境价值"和"生态环境的价值"两个概念的内涵的讨论当中。所谓"生态环境价值"就是指人与周围的生态环境所构成的生态环境系统所具有的自身内在的有机价值。它是自然生态环境系统（包括人）天生地就具有消纳废物、维持生命和调节平衡的生态价值，是生态环境系统维护生态环境系统自身稳定、完整和美丽而本身所具有的价值。它反映的是人与周围的生态环境具有本源性和本然性的联系。而所谓"生态环境的价值"，在广义上是指生态环境系统及其要素对其周围的其他要素（包括人、自然事物、子系统、母系统等）的生存和发展所具有或体现出来的外在价值或工具价值；在狭义上，则是指生态环境系统及其要素对人的生存和发展所具有或体现出来的外在价值或工具价值，即只是相对人来说的。"生态环境价值"和"生态环境的价值"是两个具有不同内涵的概念，是相互对立的。然而，它们两者之间的关系又是内在统一的。

生态环境价值观是对宇宙本体论价值观的补充和发展，是对人类本体论价值观的突破和超越，它是生态环境美学赖以产生和形成的价值论基础。传统哲学认为，价值客体可以是自然物、人创造的财富，也可以是社会、组织和个人；但是，价值主体却只能是个人、群体和社会，或者说只有人才有资格成为价值主体。这种人类本体论价值观的偏颇和现代科技的片面发展，给"人—自然—社会"复合生态系统的可持续发展带来巨大障碍。因此，人类需要重新反省自身的价值观，继承和发展传统儒家"赞天地之化育"之精神，在自身的社会实践活动中，不但肯定人是生态环境价值主体，而且强调其他生态环境各要素也可以作为生态环境的价值主体；不但要考虑到人类自身的目的和价值，而且也要考虑到其他生命体、生态环境系统、生物圈的内在价值，从维护和促进生态环境系统和地球生物圈的生存和发展高度，把自身的内在价值最大限度地转化成对生态环境系统和生物圈的工具价值，在人与生态环境系统共生共荣、协调发展的基础上，使自身的内在价值得到全面而深刻的实现。从生态环境价值论来看，价值主体的内容已经突破了传统的理解，认为生态环境系统各要素都可以成为生态环境价值主体。生态环境价值观超越了"人类中心主义"，把人类由世界的主宰变成了生态环境系统当中的普通一员。人类在利益上已不再是世界的中心（但在文化上人类仍然是世界的中心），人类由人类本体论时代转向了生态本体论时代，从根本上来说，就是人类的价值观发生了彻底转变，即由人类本体论价值观转向了生态环境价值观。这种价值观以价值主体超越了传统价值观的评价主体，认为价值主体不单是人，也可以是人之外的其他生态环境要素。生态环境价值观不但从认识论角度，在肯定人的独立性和特殊性的同时强调了人与自然生态环境系统价值的对立统一关系，而且还从生态存在论角度，把人与其周围的生态环境系统看作一个最大的完整的生态环境总系统，肯定了这个生态环境系统的内在的有机的生态环境价值，并进一步强调生态环境的价值与生态环境价值是辩证统一的。它认为生态环境价值和生态环境的价值都是客观存在的事实，都是生态环境系统进化的结果。生态环境系统的各个因素都对维持生态环境系统的完整与和谐做出了贡献，因此都具有生态环境的价值。作为人类的文化现象，生态环境价值是人类超越自我，借助人的洞察力对生态环境价值关系进行分析的产物，不是人类从自身利益出发对价值的判断和评价，而是将人类自身融合于生态环境系统当中的整个生态环境系统的存在价值和内在价值。生态环境价值论的提出使人类对自己的主体地位进行反思，迫使人类矫正自己对待自然生态环境系统的态度和行为，这对保护包括人类在内的整个生态环境系统的利益具有重大意义。生态美学就是以这种生态环境价值论为基础建立起来的新型美学。

（三）生态美学构建的伦理学基础

生态美学是以生态环境伦理学为基础的新型美学。"生态环境伦理学"也被称为"生态伦理学"，是一种主张把道德关怀（moralconsideration）扩展到人之外的各种非人类存在物身上去的伦理观点和学说。它是在对传统伦理学进行反思的基础上，进一步对它的继承、发展和超越。其理论核心是承认各种非人类存在物拥有独立于人类的"内在价值"及人类必须予以尊重的"生存权利"，并把它们的这些内在价值和生存权利（而非人类的利益）作为判断人们对它们的实践行为在道德上是否正确的终极标准，作为对人的实践行为进行善恶评价的重要依据。这是一种具有革命性的新型的伦理思潮或价值观。生态伦理学的革命性和新颖性，主要体现在它肯定了各种非人类存在物拥有独立于人类的内在价值和人类必须予以尊重的生存权利，空前地扩大了"道德共同体"或"道德联合体"（moralcommunity），为今天我们正确理解"人—社会—自然"之间的伦理关系提供了新型的道德根据。生态伦理学将道德共同体扩展到了包括自然界一切无生命的存在物,突破了传统伦理学对人的固恋(fixation),把伦理学的视野从人类扩展到了更宽广的大自然,使道德联合体(moralcommunity)的范围从人类自身扩展到人类之外的其他非人类存在物,从而拓展了伦理学的范围,使其实现了一次前所未有的巨大飞跃。这种把道德共同体扩展到了包括自然界一切无生命的存在物的伦理思想,就是传统的自由主义的终结和新的自由主义的开山。

生态伦理学是一种具有不断开放性的伦理学,它要求人类应该有一种伟大的生态伦理情怀:对他人的关心,对动物的怜悯,对生命的爱护,对大自然的感激之情。他应当与某种永恒的东西"照面",把生活的意义与某种比个人更宏大的过程联系起来。这种永恒的东西和伟大的过程就是生命(包括人的生命)的生生不息和绵延不绝,就是大自然的完整、稳定和美丽,就是上苍之"大生"和"广生"之美德。我们甚至认为,由于大自然或地球是所有事物的"生命摇篮或生养环境",所有的事物都是大自然创造的;哪里存在着积极的创造性,哪里便存在着价值。因此,我们没有理由把伦理学仅仅限制在地球的范围内,宇宙是我们所占据的地球的生命摇篮,我们应当把它也包括进最终的伦理王国中来,超越"地球中心论"或"地球沙文主义",走向"宇宙伦理学"。

生态伦理学在强调人与自然和谐统一、权利平等的同时,还承认人类具有不同于自然的其他物种的特殊性,承认人类具有高于其他物种的特质,这种特质就是人类具有思维能力,有理性。而人的理性就表现为对自己行为的认知,对自己行为具有一定的约束力。他能够对自己的需求加以控制,能够限制自己。当前,生态问题和环境问题已经向人类发出了严重的警告,我们应该充分意识到问题的严重性,改变人类对于自然的态度,改变自己的生活方式,使人类的活动能够与自然的存在相适应,建立人与自然和谐统一、圆融共舞的共同体生态伦理学就是我们建立生态美学的重要基础之一。它在生态美学的建设中具有重要的基础地位和指导作用。它能够帮助我们超越人类中心主义,突破主客对立的传统思维方式,重建理性,重建主体性,重新认识自然的价值,正确认识人与自然的和谐统一的辩证关系,为我们保护生态环境和建设生态美学提供重要的理论支持。尽管这种思想上的改变在越过一定界线以前很少有明显的变化,但是,一旦关键的认识改变以后,巨大的变化就会像洪水般立刻涌现。我们的生态美学就会轰轰烈烈地建立起来,人类就会迈入真正的生态文明时代。

总体来看,生态美学是以后现代哲学的"主体间性"为理论基础的,它消解了主客体的界限，打破了西方传统现代哲学的"主客二分"的二元对立思维方式，打破了"人类中心主义"，为人们正确理解和处理人与自然环境的关系提供了崭新的理论基础。它对我们建设和发展美学理论，消除现代性的个人主义、现代化和实利主义等特征所造成的人与自然关系的异化现象，树立全面、协调、可持续发展的观点，坚持经济效益、生态效益和社会效益的有机统一，实现经济系统、社会系统、生态系统和人的全面地可持续协调发展，促进全人类的全面长足地健康发展和进步，具有重要的理论指导作用和意义。发端于西方的后现代主义之所以能够越过大洋，引起国内学者极大的广泛的关注，并非主要在于声势的浩大，而是在于其思想的独特与新颖。同样，发端于中国传统的"天人合一"生态审美观和西方后现代主义哲学的生态美学，由于它所提出的问题都是与今天全人类的生存和命运息息相关的，都是人类要生存和发展下去亟待解决的问题。因此我们坚信，在不久的将来，生态美学也必将以其独特的理论视角、新颖而独特的理念，在美学的阵地上领尽风骚。

因此，在我看来，生态美学不但作为一种知识态度值得赞赏，而且作为一种边缘话语也发人深思，但这种知识态度和边缘话语预设了一个新的生活世界，即生态文明时代的壮丽图景。生态美学不但有利于我们从新的视角出发，重新省察人与人、人与自然世界之间的关系，而且有利于我们不断突破形而上学的思维方式，使人们得以面对现实本身，从形而上学的高空返回坚实的大地，重新获得圆润、真实的幸福。

二、生态美学的审美理想：天人合一

在中国古典美学中，包含着极其丰富的生态美学理念。当代中国生态美学建设，不但从西方吸取理论资源，更注重从中国古典哲学中吸取思想营养。海德格尔存在论思想也曾邂逅老子的《道德经》。"人，诗意地栖居"的审美命题与中国古典哲学中的"天人合一"思想，有某种内涵上的共通性。"天人合一"是中国古典哲学极其重要的命题，其中所包蕴的审美理想为当代生态美学追求诗意的审美家园指明了方向。

在中华民族漫长的演化历程中，我们的先民早就在自己的图腾崇拜和神话故事中孕育了丰富的生态智慧。作为农耕文明文化支脉，我们没有像西方那样的人造神，而更多的是一种自然神。人们把自然看成自己生活的一部分，自然神天、地、日、月、星、雷、风、云、水、火、山等与我们生命节律相连相依，与农业的丰收、生命的繁衍、季节的变换、岁月的更迭息息相关。整个世界都是混沌在一起，人类在大自然的怀抱中茁壮成长，大自然则滋养和孕育着人类文明的生长。"土地依然是人

类立足的根基,河流依然是人类发育的血脉,天空依然是人类敬畏的神灵,草木鸟兽依然是人类生命亲和的对象……"图腾崇拜和神话故事中的自然神性、整体思维和万物有灵思想,为后来天人合一思想走向成熟奠定了基础。这一思想的展开,在《周易》的文本中,在诸子百家的思想实践中,特别是道家与儒家的思想,都包含有非常丰富的生态审美观,再到魏晋玄学、陶渊明的田园诗,直至唐代田园诗歌、宋代的文人画、明代小品文,无不都包蕴着深刻的生态美学思想。

《周易》乾卦九二爻辞和九五爻辞就提到了天人合一思想的基本形态,"九二:见龙在田,利见大人。""九五:飞龙在天,利见大人"。《周易》中非常注重把天地协调、风调雨顺和生态平衡等自然现象与人的高尚品德联系起来。天人要合一,必须首先做到"天人合德",正所谓"与天地同德,厚德载物;与日月同辉,普照一切;与四时律,井然有序;与鬼神同心,毫无偏私。"人必须能够领悟和顺应天地的节律变化,才能在调和天人之间的隔阂,做到天在人中,人在天中。天人之所以能合一,还在于生命的生生不息的共通性。《周易·系辞下》写道:"天地之大德曰生。"《周易·系辞上》曰:"生生之谓易"。这种生生不息的存在形态就是天地万物的本然形态,如果损害这种状态,必然破坏生命的节律,从而破坏生态平衡,走向天人分割的窘境。道家的生态智慧无疑是当代生态美学理论建设极为重要的思想来源。道家思想中的"道法自然"的生态自然观,"齐物论"的生态平等观,"天地有大美而不言"生态本真观,"逍遥游"生态自由观。这些观点构成了生态美学在中国文化语境中展开的基石。道家反对矫饰人为世界,认为所造之物不过是自然之物的残余。生命的发展与延伸,无不与自然之道紧密相连。"故道大,天大,地大,人亦大。域中有四大,而人居其一焉。人法地,地法天,天法道,道法自然。"(《老子·第二十五章》)在老子的心目中,自然之道乃是天地人展开的本源,不懂自然之道,人之为人也将失之交臂;庄子也指出,在天地之间除了人,还有人之外的天地,人不应该也老大自居,而是应该在自然面前谦卑倾听她的呈现之美,而这种美是最本真最纯粹的美。"天地有大美而不言,四时有明法而不议,万物有成理而不说"。(庄子《知北游》)道家反对矫饰之美,认为质朴混沌的大自然就是最美者。"朴素,而天下莫能与之争美。"(《庄子·天道》)所谓的朴素之美,也就是大自然的本真之美,没有经过人工雕饰的自然之美。在天籁、地籁、人籁之中,庄子认为天籁为最美者,人籁是人工制作的音乐,要借助于各种乐器载体才能成音;地籁虽然稍微好一点,但是也要借助风力和大地的孔穴、凹凸,才能成就自身,只有天籁不借助任何外在载体,成就"天乐"之音。这与老子所说的"大音希声,大象无形",一脉相承。他们都主张自然天地本身的重要性,这也正是当代生态美学的一个重要理论维度。道家主张人不能为现实事物所累，而应该过一种心灵自由的生活——逍遥游。当代生态美学的兴起，很大程度上在于人为物欲所累，自然成为开发的对象，生命个体变成劳动力与消费者。老子所说的"至虚极，守静笃"，就是要抛弃私心杂念，才能与道同体。庄子著作中所写的"庖丁解牛""佝偻者承蜩""吕梁丈夫蹈水""津人操舟"等等，都达到了物我两忘、物我同一的真正自由的艺术境界。

在生态思想资源方面，虽然儒家谈自然、谈天地的比较少。但儒家哲学讲求比附思想，善于从自然那里追求君子人格境界。人格世界与自然有相似之处，正所谓"知者乐水，仁者乐山。"(《论语·雍也》)山水流行赋予人类以肉体与灵魂。儒家讲求"天命"，重视自然的规律。"天何言哉？四时行焉，百物生焉，天何言哉？"(《论语·阳货》)孟子强调"尽心、知性、知天"。荀子则认为自然规律不以人的意志为转移，也不会因为人的喜好而改变。荀子写道："天行有常，不为尧存，不为桀亡。"(《荀子·天论》)儒家认为贤明的君子不违背时宿，不逆日月而行，顺应天地自然变化的规律。最能体现儒家生态审美精神的故事在《论语·先进》篇中，孔子和他的四位弟子子路、曾点、冉有、公西华谈论人生理想时，子路和冉有的理想是为官，公西华则想成为祭礼的司仪。轮到曾点，文中先是描写曾点"鼓瑟希，铿尔，舍瑟而作"。曾点接着说："莫春者，春服既成。冠者五六人，童子六七人，浴乎沂，风乎舞雩，咏而归。"说完，孔子曰："吾与点也！"意思就是暮春三月，穿上春天的衣服，和五六个成年人、六七个少年，到沂河里洗洗澡，在舞雩台上吹吹风，然后一起唱着歌回家。曾点的这段话，虽然很简短，但是其中包蕴了极其丰富的生态美学思想，首先，它点明儒家也向往自由自在、毫无拘束的生活存在，本真地呈现自我的快乐与性情。再次，它点明了人与自然的和谐共生，到沂河里洗澡，在舞雩台上吹风，惬意舒畅。第三，它道出了人与人之间的平等、快乐与幸福，在洗澡、吹风、咏歌的过程中，成人与少年没有半点的隔阂，大家其乐融融，唱着美好的春歌，荡漾在回家的路上。第四，大家在外游乐了一天，不是继续毫无节制地游玩，而是"咏而归"。归到何处？当然是回到有田舍、有杨柳、有牲畜的家园。第五，曾点说这段话的时候，是在鼓瑟既成、洒脱自如的音乐浸染中完成的，呈现出人生的艺术维度。虽然只是曾点简短的几句话，却道出当代生态美学几个重要的维度：生态审美的自由维度，人与自然、他人的和谐维度，审美家园的故乡维度，还有心灵家园的诗意维度。由此看来，儒家的生态审美观虽然没有达到道家的空灵自由，但是却在和谐境界中呈现了一幅厚重的天人和谐图。

中国古典美学追求"天人合一"的美学境界。在后代的艺术实践中，这种美学境界得到集中地体现，如陶渊明的田园诗歌、唐代的田园诗歌、宋代的文人画、明代的小品文等，直到王国维的无我之境。这些异彩纷呈的艺术实践丰富了当代中国生态美学的审美内涵。当代中国生态美学的建构，充分地吸收了古今中外的理论资源，是当代中国美学研究的一种独特方式。它摒弃了自上而下美学的空洞和抽象，也拒绝了自上而下美学的功利性和庸俗化倾向，实现了人生、自然、社会与艺术精神的统一。正像有的学者指出的那样，生态美学"是一种具有中国特色的美学观念，是中国美学工作者的一个创举。它的提出对于中国当代美学由认识论到存在论以及由人类中心到生态整体的理论转型具有极其重要的意义。但它不是一个新的美学学科，而是美学学科在当前生态文明新时代的新发展、新视角、新延伸和新立场。它是一种包含着生态维度的当代生态存在论审美观。它以人与自然的审美关系为出发点，包含人与自然、社会以及人自身的生态审美关系，以及实现人的审美存在、诗意地栖居为其指归"。

第四节 生态美学设计个案应用

一、生态美学在设计中的应用

日常生活中有很多设计都参照了生态美学的思想，在剖析其生态内涵的基础上，下面将以中国传统院落为例，介绍生态美学在设计中的应用。

我们对中国传统院落空间的生态节能设计进行深入分析，不难发现其中令人叹服的设计，其中包括院落微环境和绿化、围护结构的保温隔热、雨水收集利用系统、自然通风、遮阳等绿色设计，这些无不包含古人"天人合一""道法自然"以及与自然平等共生的生态整体设计观念。

微气候（microclimate）是指在建筑周围地面及屋面、墙面、窗台等特定地点的风、阳光、辐射、气温与湿度条件，是接近地面微小空间的气候，包括温度、湿度和风速等，它们对人的生理功能、身心健康、劳动能力以及精神面貌都有重要影响。

（一）北京四合院中的生态美学

中国北方气候寒冷，风沙大，冬季长，因此防寒保暖，挡风避沙是当地民居的最基本的功能要求。为此，民居选址多选择山的南坡依山而建，坐北朝南；在空间布局上，采用建筑围合，主要有三合院和四合院，以四合院更多见，空间尺度上尽量加大院落与正房的横向间距，扩大门窗面积缩小进深以增加采暖与采光面积，并注意使厢房不会遮挡正房的阳光，院落外墙通常都很厚实以利保暖，屋顶多采用朝向院内的一面坡顶，北面及西面屋墙不开或少开窗甚至不开窗，开窗则多设双层窗，外层木板窗白天支起夜间放下，冬季完全封闭保暖。

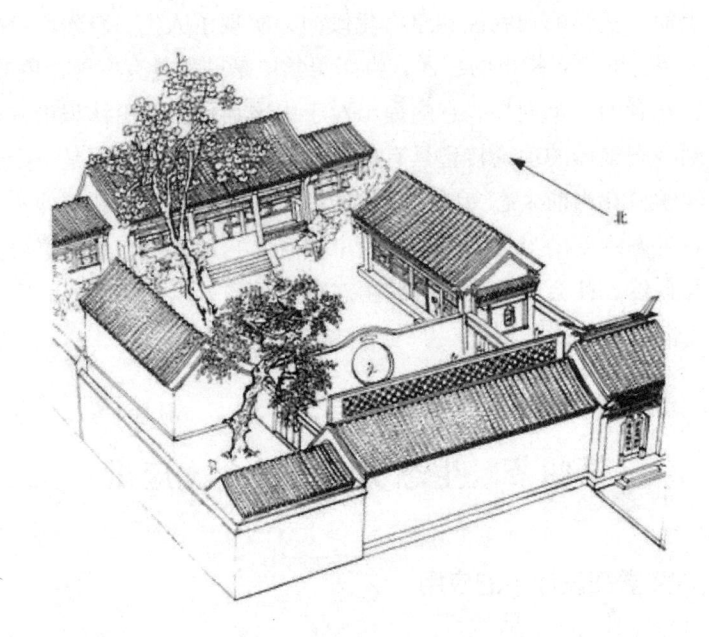

图 5-3　北京四合院

图 5-4　四合院绿化

晋、陕、豫和冀南等地，夏季西晒严重，院子为南北窄长以减少日照；西北甘肃、青海等地，风沙大，加高院墙以抵御风沙，称为"庄窠"；东北土地辽阔而气候寒冷，为更多接纳阳光，院子通常十分宽敞，院内空地很多；北京四合院庭院方正，则是为冬季更多吸纳阳光。总之，各地的四合院因地域气候、文化和生活习惯的不同都有着各自不同的特点。

北京四合院由于城市空间与地理条件而受到了很大的限制，却也能在有限中设计出符合生态的庭院。四合院是非常讲究绿化的，除院落中央铺设十字砖路以便行走外，其余部分皆植以花木。院内还常摆放一排大缸用来植荷养鱼，设大水缸可增加湿度调节院内微气候，还兼有消防灭火的功能。四合院内花木还颇有些讲究，一般要求春可赏花，夏可纳凉，秋可品果，树木以梧桐、海棠、石榴、枣树、梨树、葡萄多见。一年四季，开春四月有娇红的海棠，雪白的梨花，使庭院满堂春意；五月至十月，石榴树的花和果娇艳诱人为庭院带来富贵气息，还蕴含多子多福的吉祥意义；七月，"映日荷花别样红"，鱼戏田田荷叶间；八月，枣树果实成熟时挂满枝头也别有一番滋味；九月，丹桂飘香，令人心旷神怡；葡萄则一年四季都受文人墨客的青睐，葡萄架形态美丽而又可供乘凉，果实可食且宜入画；寒冬，犹可踏雪寻梅。可谓春华秋实，美不胜收。花卉以菊花、牡丹、芍药、茉莉、玉簪花常见。或清幽或富贵，或妖娆或淡雅，其形、色、香各具姿态。此外，四周房屋的台阶、窗台上还摆设着各色四季盆花，可灵活随意点缀于庭院之中，玲珑而雅致。四合院这一方小小天地，一年之中春、夏、秋三季花木扶疏，清香四溢，沁人心脾，情趣盎然。

（二）徽州传统民居中的整体生态设计观

江苏、浙江、安徽、江西一带属暖温带到亚热带气候、四季分明，春季多梅雨，夏季炎热，冬季阴冷。人口密度大，因而这里的四合院，三面或四面的房屋都是两层，从平面到结构都相互连成一体。中央围出一个小天井，这样既保持了四合院内部环境的私密性与安静的优点，又节约了用地，还加强了结构的整体性。

天井自然是院落中很重要的部分，它的面积不大，宽度相当于正房中央开间，而长只有厢房开间大小，加之四面房屋挑出的屋檐，天井真正露天部分有时只剩下一条缝了。但是尽管这样，它还起着住宅内部采光、通光、聚集和排泄雨水及吸除尘烟的作用。天井四周房屋屋顶皆向内坡，雨水顺屋面流进天井，再经天井四周的地沟泄出宅外。这种四面坡屋顶皆朝向院内，将雨水集中于天井内，俗语称之为"四水归一"或"肥水不外流"。狭小的天井能有效防止夏日的暴晒，使住宅保持阴凉。天井院通常设置石台，置放些花木石景，使这小天地更富有情趣。

图 5-5　天井

　　徽州传统民居从选址、规划、天井院以及建筑元素的设计，形成了它独特的自然生态系统。天井、屋檐、屋顶等共同构成的遮阳与自然通风设计，是江南天井院建筑中最为精彩的部分，是对居住舒适角度的优先考虑的结果。到徽州古村的旅游者不妨居住在古民居中亲身感受它那冬暖夏凉的舒适度。

　　徽州民居非常重视整个村落的选址。一般都是选在山的南面，特别讲究近水，或依山傍水或引水入村，与自然的山光水色融成一片，符合天时、地利，与人达到天人合的境界。整个村落给人幽静、典雅、古朴的感觉。因地制宜、依形就势、层层叠落。灵活地融入了周围的自然生态环境之中，就这一点来说本身就是值得称道的生态美的范例。符合了生态美学共生的观点，它注重建筑设计与周围特定地理环境和气候条件相适应，人工系统和自然系统并举。具有朴素的环境生态意识，在设计上保持地方和区域的生态地理环境，即保持生物多样性，使水文、土壤、大气及植被不被破坏。瞧，千百年前的中国人早已具备了今天人们倡导的整体生态设计观！

　　"境仿瀛壶，天然图画，意尽林泉之癖，乐余园圃之间。"庭院中植花木、盆景、鱼池、石凳，景致幽雅，模仿天然野趣。徽州庭院设置多以小巧玲斑，幽雅自然，小中见大而出奇制胜。徽州人擅长引景和借景，天井院通常引入活水增加院落的自然生气：又以院墙的景洞花窗借景，引庭外自然风光入室，构成春至满园皆秀色，秋来无处不花香的庭院景致。由此，庭院具备了阳光、空气、绿植和活水等自然生态要素。相对外部环境来说，庭院这方小天地是自成体系的"小宇宙"，是一个相对独立的小生态环境体系，真不愧为适合世世代代相以为继的"可持续住宅"。

天井的设计也符合了生态建筑的标准。天井上缘由屋顶四向的屋檐或墙壁组合构成，地面多为青砖或青石板铺地，面积不大，当中凿内池、通沟渠、设路径、安石埠、置盆栽种种形制。具有集水、纳阳、通风、采光、消防等多种生态功能。天井可收集大量雨水并加以利用，并设有暗沟排水系统，可调节湿度，又利于防火，具有微气候动态调节功能。难怪有人称徽州民居是"巨型人居空调器"的健康住宅。在古代技术条件下，民居虽有不尽人意之处，但这种居住模式在微气候调节方面确有独到之处。

另外值得一提的是，江西民居中有一种开闭式天井是南方天井院中独特的天井形式、天井上方运用活动式格棚来调节遮阳，既创造了良好的室内物理环境又取得丰富的光影效果，其动态设计的理念对现代庭院设计无疑是有益的借鉴。

（三）福建土楼生态设计的独到之处

福建土楼是院落的安全防卫功能强化的表现。在各地特色民居中，土楼以其奇特的外形、规整的内部结构而著称于世。尤其是由防卫功能决定的土楼建筑形式，其外墙体坚实牢固，设有防火墙及防御设施，同时具有抗震、防风、防火、防盗等功能。这些无不值得现代人借鉴。

福建土楼用大小石块累砌打牢地基；生土掺入石灰、红糖水夯筑成坚硬、厚实的土墙；墙体从底层往上逐渐减薄，并在土墙内埋入竹、木片，就像现代水泥墙里配置钢筋一样，增加墙身的整体性，形成整体弹性和向心力，因而比其他民居来得坚固牢靠。相传，客家土楼枪炮轰不倒，地震震不倒，水浸浸不倒。土楼历尽沧桑，日久年深，仍安然无恙。站在土楼面前，回望2008年"5·12汶川大地震"，震倒了多少现代建筑，不免有一丝今不如昔的惋惜，不得不更加感叹土楼的神奇、工艺的精妙。史料记载，一次震级测定为七级的地震使永定环极楼墙体震裂20厘米，然而它却能自行复合。这足见土楼的坚韧。

图 5-6　福建土楼

福建土楼以生土为原料，兴，取之于地，毁，复归于地，可循环利用，不污染环境，具有环境生态意识。土墙的夯筑技术与木构架技术结合，能有效消除楼内噪音的聚焦效应，产生奇妙的物理性能。土墙还能发挥其含蓄作用，自动调节楼内的干湿度，非常适宜居住。土楼为楼中有楼，里低外高，层层递进，与门窗、天井巧妙组合，采光通风效果好。土楼墙厚，盛夏可抵挡酷暑，寒冬可阻隔寒风，使楼内形成隔热保温、冬暖夏凉的小气候。

"土楼是原始的生态型的绿色建筑。"一直专注于福建土楼的福建籍建筑师黄汉民先生说，"土楼冬暖夏凉，就地取材，循环利用，以最原始的形态全面体现了人们今天所追求的绿色建筑的'最新理念与最高境界'，'建造新一代绿色土楼，应该引起高度重视。'"

二、天人合一思想在传统建筑中的体现

（一）宫殿

宫殿为统治阶级的住所，帝王自称"天子"，故将儒家的顺应天道思想推向极致。明清的北京城，始终在追求"天人合一"的理想境界。尊法自然，合于天地，追求天、地、人三者和谐统一。如在做法上，外城设置天、地、日、月四坛，并将位置分别排为南、北、东、西四郊，用来祭祀天地日月，而且符合乾南坤北，日升月降的顺序。而在内城设置"紫禁城"，内廷的"乾清""坤宁"二宫，象征天地，其两侧的日精、月华二门，象征日月，代表天上众星的是东西六宫，并且拱卫着象征天地合壁的"乾清""坤宁"二宫。在两宫之间设有交泰殿，象征"天地交泰"之义。外朝的三大殿，分别为"太和殿""中和殿""保和殿"取义为保安合会大利之道，乃能利贞于万物，致中和，天地位焉，万物育焉，保合太和。由此可见，明清的北京城以追求天、地、人及万物的和谐。故宫（图5-7）的结构是模仿传说中的"天宫"构造的。

图 5-7　故宫

古代天文学家把恒星分为三垣，周围环绕着28宿，其中紫微垣（北极星）正处中天，是所有星宿的中心。紫禁城之紫，就是"紫微正中"之紫，意为皇宫也是人间的"正中"。"禁"则指皇室所居，尊严无比，严禁侵扰。故宫里的颜色也有深奥的寓意。据后天八卦：青，属木，为震卦，为春，为东，象征万物始生、草木萌芽；黄，属土，为坤卦，为长夏，位中，象征厚德载物；赤，属火，为离卦，为夏，位南，象征明照四方。故此三色均为吉祥色。故宫多用黄色琉璃瓦（图5-8），室内的色也多为黄色，乾清宫的布置尤其突出，因黄色代表"土"，土是万物之本，皇帝也是万民之本。白色，属金，为兑卦，为秋，位西，象征日落；黑色，属水，为坎卦，为冬，位北，象征深渊、艰险。此两色均为不吉，故为皇宫所不取。故宫中唯一使用黑色琉璃瓦的建筑是藏书楼文渊阁（图5-9），在五行中"黑色"，象征"水"，"水"可以克"火"，所以藏书楼用黑瓦，代表水克火，取防火之意。皇帝的诏书都写着"奉天承运，皇帝诏曰"，由此可见，紫禁城深深蕴含着孔子与老子的"天人感应"或"天人合一"思想。

图5-8 黄色琉璃瓦

图5-9 文渊阁

(二)民居

行为科学家有一种说法:"衣着是一个人皮肤的延伸,宅第则为肢体的延伸",这句话很深刻地说明了人的内在世界对外在环境的影响。但对我国传统建筑而言,上述话意尚不周密,因为我国传统建筑不仅是肢体的延伸,同时也是思想观念的延伸。各类建筑中,住宅无疑占有最重要的地位。住宅在本质上是"家"的代名词,是家中成员生命的源头,是生命延续的过程,也是滋润家族生机的一股力量。即使它的躯体已物化,但是其精神仍然遗留在这座建筑,成为处于同一屋檐下子弟的生活指针及驱动力。在象征上,住宅则是个人与家庭的延伸,是彰显祖德之所在。这项意义,即是古人常说的"安身""立命"。这种人与建筑的奇妙融合,使得住宅不再是冰冷无情之建材的组合,也不止于仅是供人使用的器具,而是赋予人性,因此更能体现天人的关系。

民居的庭院,就是一种人工与自然结合的环境。在传统的民居(图 5-10),有敞厅和前廊作为日常生活的主要场所,这里户内户外,室内室外的界限并不很清楚。在庭院中则植树成荫,藤蔓满架,或作花台,或砌鱼池,尽量引入自然情趣。屋顶、墙体、门窗之类,是分隔与沟通中国古代建筑内外空间的手段、中介和过渡。

因此,门窗的多寡、大小、位置、形状等均影响着建筑内外空间的交流。又如,大屋顶出挑深远,其与外墙面构成的既非内部空间,又非外部空间,既是内部空间的延续,又是外部空间的延伸,这种檐廊又称为"缘侧"。缘,联结之意;侧,旁边也,正是联结内部外部空间的一个"模糊"间。

其他如四周通透的亭、廊等,更是数不胜数。在中国古代城市里,住宅绿化程度较高,还在重要干道两侧植树成行,这些都充分体现了古人顺应自然的环境观。

图 5-10 传统的民居

（三）园林

中国园林（图5-11）建筑更是巧妙地吸取自然的形式，使建筑、人与自然达到统一。以石、木、池象征自然中的山、林、湖、海，把自然引入院内，意味着自然对人造环境的亲昵。巧于因借，把自然的美景通过窗、阁、亭等引入建筑中，即"借景"的手法。利用借景，一个临江的楼阁可以出现"落霞与孤雁齐飞，秋水共长天一色"的美景；一个普通的草堂，也可以引出"窗含西岭千秋雪，门泊东吴万里船"的空间感触。

正如《园冶》所说，通过借景可以"纳千顷之汪洋，收四时之浪漫。"充分显示了儒家汲取了道教以道为宇宙本体，"道生万物"的思想。

《周易》中强调天、地、人三才以人为本，重视人与自然、人与人之间的和谐统一关系。

尽管人与自然相比，人的地位更为重要，但儒学并不把自然看作异己力量，而是主张人与自然和谐相处，认为天人是相通的，"天人合一""万物与吾一体"之说。于是，这些思想的形成，导致了中国人的艺术心境完全融合于自然，"崇尚自然，师法自然"也就成为中国园林所遵循的一条不可动摇的原则，在这种思想的影响下，中国园林把建筑、山水、植物有机地融合为一体，在有限的空间范围内利用自然条件，模拟大自然中的美景，经过加工提炼，把自然美与人工美统一起来，创造出与自然环境协调共生、天人合一的艺术综合体。

另一方面，儒家的比德思想也对中国园林的主题思想产生一定的影响。在我国的古典园林中特别重视寓情于景，情景交融，寓义于物，以物比德。人们把作为审美对象的自然景物看作是品德美、精神美和人格美的一种象征。

自古以来，人们就把竹子作为美好事物和高尚品格的象征。人们把竹子隐喻为一种虚心、有节、挺拔凌云、不畏霜寒、随遇而安的品格精神。

历史上不少诗人、文学家都写过许多关于竹子（图5-12）的诗文。从竹子的人格化看出，自然美的各种形式属性本身往往在审美意识中不占主要的地位，相反，人们更注重从自然景物的象征意义中体现物与我、彼与己、内与外、人与自然的同一，除了竹子以外，人们还将松、梅、兰、菊以及各种形貌奇伟的山石作为高尚品格的象征。道教认为"道"是宇宙的本原而生成万物，亦是万物存在的根据，指出："道生一，一生二，二生三，三生万物。"

同时主张"大地以自然为运，圣人以自然为用，自然者道也。"后来，庄子继承并发展了老子"道法自然"的思想，从自然为宗，强调无为。他认为自然界本身是最美的，即"天地有大美而不言"。在老庄看来，大自然之所以美，并不在于它的形成，而恰恰在于它最充分、最完全地体现了这种"无为而无不为"的"道"，大自然本身并未有意识地去追求什么，但它却在无形中造就了一切。而中国古典园林之所以崇尚自然、追求自然，实际上并不在于对自然形式美的本身模仿，而是潜在于对自然的崇尚之中和对于"道"与"理"的探求之中。

图 5-11　苏州园林

图 5-12　园林中的竹

由此可见，道家的自然观表现为崇尚自然、逍遥虚静、无为顺应、朴质贵清、淡薄自由、浪漫飘逸。于是，在道家神仙思想的影响下，以自然仙境为造园艺术题材的园林便应运而生。可以这样说，中国古典园林是儒家与道家思想结合的完美产物，如果说宫殿和民居分别是统治阶段和普通百姓的天人合一思想的体现，那么园林便是文人该思想发展的极致。

（四）坛庙

坛庙中天坛（图5-13）无疑最能体现天人合一思想。皇帝在此举行的祭天活动，意在向皇天上帝报以授命之恩、行令之功，意在代民向皇天上帝祈求赐福，其实是天子与"天"对话的地方。所有设计意图都是为此目的而做，并且非常成功。两层墙垣将圜丘与外界隔绝，再加上松柏茂密，站在其上，视野中除了浩瀚苍穹外空无一物，是最佳的祈天祭坛之处。圜丘台阶数，甚至石块数皆为阳数，意为天的数。

图5-13 天坛

天坛的9座坛门每座都置有3个上圆下方的洞口，每个洞口置两扇大门，每扇大门置1铺首、置9排每排9个乳钉，与砖石下减基座、大红墙、绿琉璃瓦大屋顶共同构成了一部墩实、朴厚、凝重，颇具中华民族审美成就的作品。仅作品中的"上圆下方""外圆内方""一、二、三""九"，就颇具中华民族传统文化内涵。众所周知"上圆下方"是中华民族"天圆地方"宇宙观的体现。"一、二、三"是老子"一生二，二生三，三生万物"思想的体现。"九"是自然单数中最大的数目。天坛仅仅一座坛门，就将偌大的"天地"承载其中，就将偌大的宇宙生成演化的模式图承载其中，就将单数中最大的"九"在门扇上反复使用了108次，每一扇门上的"九"都由各自的"一"即一铺面统领，"九九归一"的概念在此出现了。总之，阴阳、五行、天干、地支、季节时序、色彩等中国古人对大自然认识形成的宇宙框架审美，都一一承载其中了。在此处，"天人合一"的思想体现得淋漓尽致。

除以上几点外,古代建筑中的塔、陵寝等也包含着天人合一的思想,总之,以儒道两家为载体的天人合一精神,深深地印在了中国传统建筑之中。其中顺应自然、师法自然、美化环境、天人共生的想法,与今天所提的可持续发展思想不谋而合,应为设计人员所借鉴和发扬。

第六章 生态视野下室外活动空间设计研究

第一节 生态视野下空间格局与整体

一、在空间格局上追求开放

开放空间是供人们日常生活和社会公共使用的室外空间,由街道、广场、居住区室外场地、公共绿地及公园和水域等组成。广义是指城市中没有或基本没有人工构筑物覆盖的地面和水域;狭义是指城市公共场地、绿地。

（一）开放空间的构成与形式

形式的创造过程式是设计寻找形式的过程。形式意味着连贯统一,构成意味着反映联系并创造联系。

1. 点、线、面、体

点没有尺寸,没有方向,没有空间的范围,它在绘画中只能用小圆形面积近似的描写。由点进一步发展而成的线,是一维的现象,是多个点的相同方向的排序。面是二维世界的,在绘画中面积能被方形、圆形等轮廓或内容所描绘。体是三维的,体构成了我们能感觉到的周围世界的"真正"成分。

2. 秩序

体在绘图中用轮廓来表达立体图形,它将被看成是三维物体。如果体用它的面来表达,则需要一些不同的秩序或排列选中的构件。这种秩序是有规律的并列个体（这里是线）,线本身又是一个有规律排列点的秩序。面是许多个体封闭线（轮廓）的二维概念的排列,它能成为一个或多个线的环境。这种线首尾相连形成了面的轮廓。结构及机理按要求创造了一个二维的效果。他们越是相似,越是统一,他们在环境中作为一个整体实体的感觉就越明显,形体的轮廓在面积中更加的突出,我们能更清晰地意识到它在环境中的独立性。

3. 形势与构成

通过给予的形式,我们减少了视野内的大量的个体信息碎片,我们才会有足够的精力吸收其他的信息。形式的部分元素为形式的成分，他们通常只能在我们熟悉的形式的前提下被识别。

4. 构成设计

构成或设计能够创造形式并阐明相互之间的联系。在具体实践中，构成不知不觉就成了一种设计。从小的单元到大而复杂的形式，形成了每个设计活动的概念基础。

（二）设计及其过程

简单地说，设计就是构成的过程，是一种构筑形式的创造性的活动。设计是一个动态的过程，是从脑到手的转换，从概念到符号的转换，然后又从手回到脑，从符号回到概念。设计是一门反复思考的过程，又是一门具有创造性的技艺。设计是用符号传达未来的形式，也传达了设计师的理念。设计是用综合性探索联系的学问。在设计的过程中，创造多样性达到了新的高度，杂乱的现状成分被整合成新的整体或新的形态。

（三）空间、场地、路径

1. 创造空间

创造空间是人类对周围环境的有意识地自然行为。在此过程中，一些事物被连接在一起，他们构成了生机勃勃的空间。景观是在地面、垂直面及天空间创造空间。

2. 创造场所焦点

无论是景观、建筑及规划等设计，都是与已经存在的场地的对话。场地中央的一个点会很醒目，因为他就是这个环境的焦点，焦点的创造基于他们的特殊的位置或它们在环境中的特色。它们的作用与它们所处的环境密不可分，焦点的强弱能够直接改变或创造空间的处境。焦点是人们行动、观赏时的停顿点及方位点，同时他们还能影响环境，激发并联系空间中的不同形体。焦点的另一个特征是它们能够被比较并描述；相比环境，它们是更大的、更小的、更圆的、更暗的、更空的、更清晰的等等。对于周边的物体来说，焦点是非常特殊的，一个特殊的位置能从特殊的形态特质中凸现出来，在开放的地形中，明显从环境中凸显出来的是暴露的区域，如陡坡上的平台、小山顶、河床和特殊的地貌等。

3. 运动与道路

通常情况下，人们的运动轨迹是朝着同一方向前行，在某些地方放慢脚步，还是中途转弯或是在某些地方加速通过，是完全可以预料的。对于人在特定环境中的运动，两大因素至关重要：要有一个预期路线的指引；要让这种指引尽可能隐蔽。在大自然中，线性的道路即起到联系的作用，又表示出明确的方向、熟悉的环境和可以预期的目的地。例如，对于台地和山坡，因为山体绵延很长，因此不容易看清楚山势的走向。相对来说，坡底、坡顶或山脊的线条则更容易识别，这些也就具有了线性路标的作用。

景观设计中会遇到外部道路与内部道路。外部道路是用于外部环境，例如，公交车站、公路、建筑物及相关的通道和出入口等通过主入口进入内部空间。外部的环境主要由规划部门来控制，景观区域入口处是外部道路的终点，他也是内部道路的起始点。入口处可以设置一个特殊的构筑物，或是一个特别的景观元素，因为它是作为开放空间的起始点。内部道路与空间是密不可分的，道路在穿越空间的同时也划分出了空间，道路是空间的限定元素，行进在道路上的人也处成了空间的划分与形成。道路还有步移景易的功能，把沿途的景观及空间逐一呈现在观者的面前，指引我们如何观赏周围的环境。优秀的内部道路系统设计会在沿途设置多个有趣味的节点，并且会使观者在去往目的地的途中有更多的帮助与希望。中途的设置的节点起到关键的作用，它会使人们很有兴致地沿着现在的道路走下去。直线型的道路会使人自动地感知区域，曲线形道路会由于线型的转换带来沿途景观的不断地变化，沿途丰富多彩的风景会极大地提高行进过程的吸引力。

路标的使用也是一种积极的控制观者行进的方式，除了修筑舒适的路面以外，在沿途的道路上使用一系列的路标会有助于人们留在道路上。例如，使路面略微下沉，则会让使用者明确感到不用离开现在的行进路线，沿途的植栽通过对微地形的强化，有助于加强方向感。

植物应该是景观区域里最常见的单体元素。一排排的行道树限定了道路的方向，节点则可以用单株或成组团的树来表明。有双排树的林荫道能够形成类似柱廊或者拱廊的空间形态，柱廊式的林荫道最典型的方式是由柱状或锥状的树种间隔一段距离种植而形成的。成排的柱廊会给人一种庄严的感觉，这种感觉则具有公共性的规则式的特征。

区域内道路的节点是一些小尺度的特殊的位置；他们的存在丰富了路途中的景色。道路的节点包括穿越特定空间的道路和入口，高差不同的区域之间的台阶和坡道，道路之间的交汇点，以及沿途的休息区。区域内道路的类型基本可以分为由主要步行道或主轴线组成的主路到不太重要的使用率较低的支路以及等级更低的分支小径。道路能够引导观赏者阅读空间和视觉联系。道路的形式能够直接影响空间的特征：直接将场地与路径联系起来会产生利于交流与通行的较为纷扰的公共空间，间接迂回的道路会形成较为安静的和私密的空间。

（四）优秀设计的基本原则

将构成设计的造型元素有序地组合起来，使他们既有一致的统一性：又有多样、复杂的差异性。

1. 优秀设计的基本原则

将有相同或类似特征的个体放置在一起，就会形成一致性。我们可以通过某些共同的特征来实现统一：例如，具有相同的位置、相同的外观或者是相同的主题特征。统一性是找出事物间的相同点或相似点，从而使之统一成一个整体。在统一的基础上，还需要一定程度上的变异，例如，动和静、明与暗的对比。差异感强化了物体形态组成的统一。在统一性中，个体的特性不明显，而多样性则强调个体的特征性，使得整体的形势更加丰富，更加激动人心。优秀的设计的关键就是在统一与变化之间寻求平衡。多样性意味着空间和物体的增加。如果要保持设计的一致与统一性，某些设计元素越是复杂、多样，则其他的元素就应保持简单和统一。

2. 优质设计的特征

在设计这一创造性的活动过程中，简单直白的联系往往缺乏不确定性，与此相反，多样性的设计能使人们产生兴趣与好奇。一个优秀的激动人心的设计就在于满足人们立刻认知的需要和试图保持它的更持久的兴趣之间的平衡。评判优质设计的一个关键的标准是各个构件的尺寸、比例和重量应保持均衡的状态，重量是指不同的空间、不同的设计要素、不同的色彩及设计要素的密度不同，它们之间的重量感也有差别，例如，大的空间感觉比小的空间要重些，红色比粉色感觉要重些。

优质设计的一个很重要的特征是概念、思想和主题，设计围绕这一主线而展开，设计主线将起到控制和指导性的作用，并决定设计的方向。设计思想将整体的设计统一起来。优质的景观设计是通过空间和材料来阐释、表达出设计的主题思想。

开放空间设计包含多方面的因素，首先是"人"的空间的问题，其次是开放空间的各个元素及设计者主观意识对空间设计的影响。在空间设计时应遵循设计的基本原则与方法，注意统一与多样性，整体与局部的协调关系，合理的确定空间的划分、道路及边界，形成富有特色的外部空间。同时要尊重、爱护人类赖以生存的大自然，构建人类与自然和谐共生、良性循环、协调发展的优良的生态景观。

（二）在空间设计上追求整体

在设计中，整体性的把握是很有必要的，从整体到局部的协调统一，都能让人从某种程度感到赏心悦目。从哲学思想论证，整体往往有局部组成，构成合理的整体所产生的功能必然大于局部的功能。

老子说："五色令人目盲"。当视觉元素过于多样复杂时视觉能传达的信息就极为有限了。可能由于太稀松平常，大家没有注意到我们的视觉也是有逻辑的：我们会先看到那些重要的事物，后看到细枝末节。我们对颜色有着本能的反应，冷色令人平静，暖色令人躁动。我们对图形也有着直观的感觉，直线会给我们直接干练的感觉，曲线则是更柔和的等等。我们的视觉习惯很大程度上决定了我们如何看待这个世界。重要的视觉行走通廊会用直接的直线轴线来设计，妖娆的曲线肯定是要人缓步观赏。这些都是我们可以从设计中读出的功能。我们做设计，很大程度上是个服务行业。我们做出的图纸是需要传达信息的，因此，整体感是保证让人读懂图的一个前提。

整体感的追求不是仅仅出于对图面的考量，而是为了更优的空间布局，更好的融入场地，更大的综合效应一个十万空间方案设计虽然艺术性承载着重要的作用，但是景观场地之于城市、之于乡村、之于所处的人居环境，只是整个系统的一小部分。抛开感性和艺术的部分，理性和科学的内容才是整体性体现的重点所在。

形式统一是可以呈现整体性的一个重要手段，但是始终只是个手段，而绝非整体性的本质。图形的统一、设计要素的统一固然能带来一定的整体观，但这也不是根本目的，本末倒置，容易走火入魔。手段不是目的，形式与效应并无正关联。例如，jamescorner 在参与 Tongva Park 的设计时候，过程提出了三个不同类型的设计方案方案。

（1）流水方案

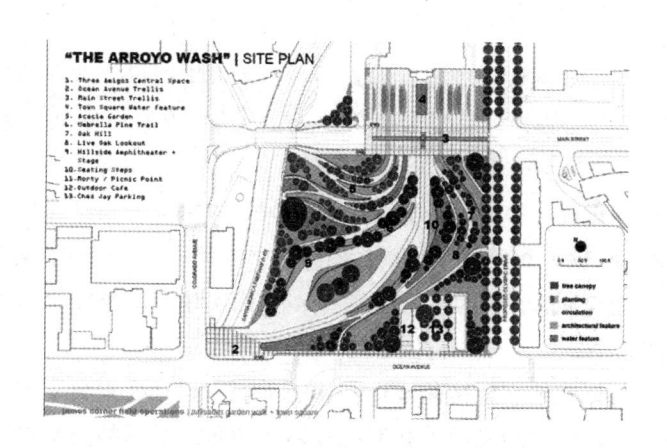

（2）沟壑方案

（3）沙丘方案

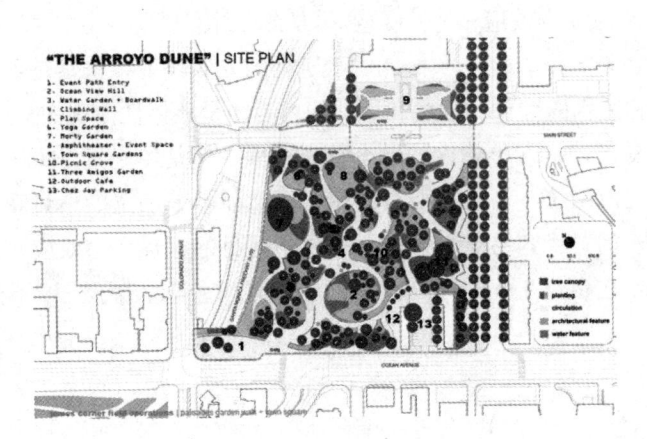

三个完全不同形式的设计方案，形式在各自的方案中仅仅做到了表皮与媒介的作用，而方案自身的合理性却呈现出高度的一致。透过现象看本质是我一直常说的，当过多关注形式，内容容易迷失。

（1）掌控整体化设计手法

根植场地的系统设计基于以上的大视野整体思考，思考的内容应该不局限形式，如何实现功能与周边的互动，整体考量？如何实现空间与周边的关联，整体联动？如何组织周边的视线空间，整体定局？如何利用基地的要素充分利用？

将设计要素与视觉要素整体化设计利用的手段将设计要素与视觉要素整体化设计利用的手段。以建设时间先后关联考虑整体性两张图呈现的两个连续方案，在形式上、流线上呈现出整体性，这也是大家比较认可的整体性。

景观元素的一致性植被的整体性这里的元素指的是植被要素、景观小品等可以看得见摸得着的具体要素，位于南加州的特殊气候，对植物的要求是基于地域性的关联。热带植物的特征展示了植物在整体性中承载的作用。

（2）景观小品的整体性景观小品的整体性没有像国内一样到处是定制的同款小品要素，而是呈现出形式上高度一致的整体性，这也是保证一个项目品质的关键所在，如果看国内成功的景观案例，这个特点肯定在那些案例中可以找到位置。

表现表达的整体统一表现表达作为设计的包装手段必不可少。

如何更好地表达你的整体性考虑也是需要进一步思考的。设计缺少整体性，抛开方案本身，其中一个很大的原因就是你的表现使得你的方案显得零散，缺乏整体性。其实设计整体性的缺乏，也可以通过表达整体性的强化得到改善，甚至遮蔽。怎样将建筑或园林分析图做得很漂亮？

（1）突出与环境的整体性——摩尔广场的设计在表达上，没有忽略城市空间的关联，而是通过一体化的形式，全面诠释自身方案的设计考虑，做到设计、表达的整体统一性。

（2）风格的整体性体现在主题、形式、特征，采用了非常规的自由式的构图形式，一个雕塑艺术中心绿地的设计方案，周边都是商业办公加雕塑艺术工作室之类。自由的风格与周边的艺术氛围更为契合，当然更多考虑了周边场地的流线关系，构筑物与雕塑的呈现，也体现了设计题目自身的主题与特征，可以说在整体性上做得还是不错。不足之处就不做多言了。不是说周边是方方正正的场地，设计就只能是方方正正，不然会变得无趣。

第二节　生态视野下活动空间与趣味

一、生态与趣味在室外空间中的体现

（一）水体——动静结合之美

室外设计与艺术同属一系，二者的灵感均来自日常的生活。人类对水的体验源远流长，从古人对水体的使用、管理进行探索性设计开始，水体设计便开始走上室外空间设计的舞台。水体设计最初仅仅关注了水体使用的功能性和便捷性，其多与硬件设计重叠在一起，后来，水逐渐在室外设计中演变为注重功能性设计与美观性的双重特征要求。水体以池塘、喷泉、瀑布、假山水流、水榭庭院等等形式展示。

至此，水体设计承担起除了物理功能性以外的精神符号意义，水体室外设计在室外空间中发展为一种具有强烈艺术表现力的文化象征。水在物质生活和人类精神家园构建中均具有积极影响力，有鉴于此，当前对水体资源设计的研究丰富多彩，且逐步深入，学科发展欣欣向荣。其中城市滨水区是指城市范围内水域与陆地相接的区域。

对水体设计的研究，其最根本的自然属性是"水是生命之源"。也就是说水体不可能以单一形式出现，必须连同整个特定的生命循环系统而存在，在此共生生态系统中，水体依据不一样的生态条件而表现出众多的生态特征。水体自然属性是所有室外类水体设计的基础，是具有强制性的自然规则。水体可以改变环境因素，例如，湿度、温度等生态指标，水体是连接各类生态环境的重要载体和连接桥梁。水体室外设计在考虑观赏性的同时，也需要重点考量水体的众多其他生态问题：如水的纽带作用；不同条件下利用水体的方法探索；在特定生态系统中，水体的影响作用分析；水体使用对环境影响的积极性和消极方面；生态室外设计的作用和生态性影响；人类文明与水体生态条件的逻辑分析。例如：液态的水和固态的石头搭配起来，呈现实虚与刚柔的动静对比，视觉吸引力增强。

水体在生态水室外设计中发挥了室外设计的主旨或载体，在系统的物理性特征、生态性因素、精神享受三个方面具有促进作用，也在一定程度上承担着人类生存和发展的行为需要从传统室外设计角度看，生态水室外也不可避免的采用了以水造景或借水造景的方式进行设计工作，但同时，水体引入后的生态系统所发生的多样性改变以及生态系统的物质生活条件的变化会发生显著的波动甚至改变。系统内的动植物、内部气候、湿度、植被等等将会发生变化，因而在场地环境的条件下，可变化性更高。生物的生长、成熟条件多样化，便于生物多样性的传承和自然承接，也展示了美好的生命力和视觉观赏效果。例如选择适合鱼类生存的岸边材料对于生态的发展有积极影响。水体在这个过程中是流动的，众多的小溪流可以汇聚成江河湖海。水体的流动特性促进了众多沿水文化的发源、壮大、成熟。在历史上，多以水域地理位置为特征在比对文化差异，如长江流域文化、黄河流域文化、海洋文化等等。依山傍水的传统居住地址选择思维方式决定了水域代表着文化的交融与汇集。在古代，水流是人们外出的主要动力通道，驶船来往使得人与货物得以交流，同时也肩负了各流域文化及风俗等的相互交融。这种文化现象不仅中国的两河流域，国外的情况也不为少数，埃及尼罗河流域文化、法国塞埃河河域文化等均有相似特点。此类文化以水流集而来，也如同其形成载体一般为细水长流的结果。水体特征在一定程度上能够影响到既有民族的性格形成，人文特征也与水体有关。生态水室外设计更多的是精神上存在一定的启示,水的多元性、包容性启示人们对文化符号的室外性设计依照此进行。

(二)绿地——感受季节变迁的魅力

生态室外带多由湿地植物交错组合设计而成,如乔木、灌木、草交叉形成的具有生物多样性的景观,提升了人造生态景观的抵抗力稳定性,且同时具备一定的恢复力稳定性。促进了生态系统的恢复和林缘线与林冠线的设计特征,空间结构的开放收拢控制,制造出众多小而雅的小型空间景观结构。利用不同高度的物种进行设计组合,再配以景观设置点的实际地形高低,可以构架出韵味十足的林冠线景观。在季相景观设计时,一般存在丰富性不足的问题,在设计中综合利用了落叶树的种植设计比例,加大秋季季相的景观特性表现。此外,还配置了一些具备观赏的花、叶、果、花蜜源、招鸟类等众多植物,使得景观设计的季相表达更加丰富,通过视觉给人以美的享受,可以调节情绪、振奋精神。

(三)设施——体味休闲乐趣

设置配套的景观设计点休闲娱乐设施,增加室外设计的趣味性。伴随社会经济的发展和人们物质文化生活水平的快速提高,传统意义上的外部空间很难以满足现代人对城市外部环境的多种需求。所以,在进行室外环境设计时,需要结合交流、休憩、观赏、游玩等多重功能的一体化生态体系。利用当前已有的新技术来设置一些全新的多功能景观设施,提升景观设计的功能性、人文性,尽量满足城市外部空间的生活质量以及环境质量。如香港室外空间的配套设施及生态与趣味为一体。

二、生态性与趣味性一体化景观空间的元素关系

(一)生态现实与艺术趣味的可变性

客观世界中的生态资源需要我们结合它自身的生态价值和生态属性去发掘艺术价值,趣味性不是生硬的强加在生态属性的资源分配中,而是要求充分理解生态与艺术、现实与趣味中的可变系数。例如,从游客的角度,观赏经过合理修饰或嫁接的一棵大树产生的兴趣要强烈于一排阵列普通的树。所以这里的可变性不应该只是从数量或者种类上客观的变化,在现实设计或规划中应该更加合理和赋予情趣的引入变量因素。

(二)自然生态与人工趣味的互动性

自然生态景观是人们在人工造就的高楼大厦和钢筋混凝土的丛林外对于美丽自然的理想再现,它的理念之一就是在自然条件下的生态环境。人们喜欢在自然的景观中尽情地享受城市,但又不愿意远离城市,这就要求我们的景观设计要尽量模拟自然。具体到景观设施的设计就要求设计师充分领会人们这种心理,从设施的材质、颜色和造型搭配方面极尽对自然之模仿,还人们一个生态的家园环境。在模仿或者

设计的过程中，自然与人工、生态与趣味的关系我们不得不考虑，尤其是两两之间的互动性，游客或者市民在行走中，不仅仅停留在机械的认识自然的基础之上，而是充分加入到生态中，成为大自然的一员，这样的良性互动式我们不可忽视的。人与自然的沟通是通过体验而非其他形式完成的。

（三）生态共性与趣味个性的互补性

城市室外空间中生态元素有自己的共性和个性，而趣味元素中也有自己的共性与个性。所以在设计的过程中，我们的要规避相对的同一性或同质化的照搬照抄。

三、空间趣味设计案例

Takaharu Tezuka 吉野保育园

在2014年九月，日本建筑师Takaharu Tezuka在TED上做了一次演讲，介绍了他在东京设计的一个幼儿园，并获得赞誉无数。这本是一次冒险，但他为这次冒险做了万全的准备。

Takaharu Tezuka擅长将设计空间扩大化，幼儿园的园长找到他，希望他为幼儿园创造一个有趣的屋顶。最后他造出来的幼儿园，果然整个就是一个屋顶（图6-1）。幼儿园是双层椭圆结构，上层供小孩乱跑，下层是教室。巨大的椭圆形屋顶，它微微地向南倾斜（图6-2），在最南端与地面相接，孩子们（包括坐着轮椅的人）能轻松地上去，在这片环形的开阔场地里自由地玩。后来据幼儿园管理者们观察，只要有场地，小朋友们就跑得快。

图6-1 幼儿园屋顶

第六章 生态视野下室外活动空间设计研究 207

图 6-2 屋顶全景图

微微倾斜的坡面设计，也是有意为之。除了更方便孩子们上下屋顶外，设计师认为，相比完全平整的表面，斜坡反而是更自然的存在，因为完全水平的平面在自然界中其实是极为少见的。整个屋顶的坡度约为 8%，这个数值很小，低于一般道路的坡度。不过微微地朝南倾斜却带来了完全平整的屋顶所没有的效果，比如能吸收更多的太阳热量、使屋顶更为温暖，比如更方便孩子们坐下来，再比如可以在下雪的冬日，试试滑雪。

尽管吉野保育园的建筑结构也全是用木材搭成的，但是在屋顶的木板之上，设计师还铺上了一层橡胶（图 6-3），因为保育园的一些孩子年龄很小，有些还在学步阶段，平衡能力较差、容易摔跤。

图 6-3 橡胶屋顶

最具有人情味的设计，莫过于这个小天窗了（图 6-4）。满足小朋友的好奇心，是这个幼儿园设计的独到之处。

208 生态视野下的室外活动空间设计研究

为了迎合孩子们好动的特点，幼儿园里还设计了一个多层攀爬塔（图 6-5）。

图 6-4　天窗

图 6-5　多层攀爬塔

现代父母对小孩保护过度，以至于丧失了许多探索、冒险、互相打掩护的本能。要想让孩子更健康地成长，要从小就要给为他们提供冒险的机会，哪怕让他们受点轻伤也在所不惜。当然，设计师不会让孩子们处于太大的危险之中。设计师采用了传统的安全栏杆方案，不出所料，小朋友们都很喜欢。设计师 Takaharu Tezuka 的观点是，对孩子不要试图去"控制"和"过度保护"，让他们在更开放、宽松的环境中成长，有利于培养他们的好奇心、自信心和与人交往的能力。尽管在这个过程中，他们可能会跌倒或受点伤，但是这样他们才不会错失重要的学习机会，才能学会如何在世界上生存。

第三节　生态视野下室外活动空间绿色可持续

室外空间设计是运用一定的物质技术手段与经济能力，以科学为功能基础，以艺术为表现形式安全、卫生、舒适和优美的内部环境，满足人们的物质功能和精神功能的需要。绿色可持续发展强调效率、和谐、持续，并在经济增长下促使社会发展的方向，既注重绿色发展的长远性及创新性，以营造人类健康的居住环境。

一、绿色可持续发展的背景

人类在畅享工业革命丰硕成果的同时也加速了诸如煤炭、石油和天然气等自然资源和化石能源的消耗，并对地球的生态环境造成了不可愈合的创伤，由此产生的诸如资源濒临枯竭、臭氧层遭到破坏、温室效应、环境污染、物种灭绝等等尖锐的问题让我们慌失措。这种杀鸡取卵式的文明发展模式引起有识之士的思考。

随着"环境危机""能源危机"以及引发对环境问题反思的"意识形态危机"在西方社会如瘟疫般蔓延，由此风靡整个20世纪60年代的"绿色生态运动"兴起。20世纪60年代末美国威斯星州民主党参议员纳尔逊（G.Nelson）提议设立"地球日"，以引起公众对日益严峻的环境问题的重视。1970年美国哈佛大学法学院的学生丹尼斯·海斯组织并发动群众于4月22日举行声势浩大的游行示威，号召政府支持设立"地球日"，之后美国国会将这一天定为全美地球日。与此同时，在20世纪60年代出现的以抨击美国汽车工业带来的废弃物污染问题为目的的反消费运动，是人类直面生态问题的开端；到20世纪70年代，设计界提出"作为设计者应因时因地的提供多种设计，而消费者在做出恰当选择时应考虑到保护环境和保护自然资源"的理念。

20世纪70年代，人类开始反思工业化进程中产生的环境破坏问题，生态设计（Eco-design）的概念应运而生，这在当时被称为"环保设计"或"为环境而设计"，其目的是改变传统的人类中心主义价值取向，试图通过设计来保护人类生产生活环境，在自然、社会以及人类之间建立起一种长久有效的协调发展机制。1972年6月5日，联合国人类环境会议在瑞典斯德哥尔摩召开，来自世界113个国家和地区的政府首脑、相关组织机构与会，大会分析人类社会所面临的环境问题并商讨解决方案，这是人类第一次将环境问题视为关系全人类未来的重大战略问题。1983年，应联合国秘书长邀请，世界环境与发展委员会主席、挪威前首相布伦特兰夫人集合五大洲多个国家的官员、科学家组成委员会，耗时三年潜心研究全球发展和环境问题，于1987年出版了研究成果《我们共同的未来》，报告首次提出可持续发展的概念："发展除为满足当代的需求，并需不损及后代满足其自身的需要（development that meets the needs of the present without compromising the ability of future generations to meet their own needs）。"尤其是1992年的巴西里约热内卢高峰会议和2002年的约翰内斯堡可持续发展世界首脑会议，在这两次全球层面可持续发展议题的推动下，可持续发展问题已成为全人类关注的焦点。

20世纪90年代，欧盟、美国、日本等国家在蒙特利尔议定书、巴塞尔公约、气候变化纲要公约及京都议定书等全球性可持续发展战略指导下，结合各国实际情况，制定柔性的绿色设计政策引导企业、设计师、消费者建立绿色生产制造和消费意识，借助刚性的绿色设计法律规范约束设计行为，将政策要求落实到产品材料的选择、生产和加工流程的确定、产品包装材料的选定、产品运输、回收再利用等生命周期阶段闭路循环的每个环节，并对生产制造商、销售商、设计组织与机构、设计师、消费者等每个责任主体赋予不同的责任与义务。例如，欧盟早在1992年就提出"整合性产品政策"（Integrated Product Policy，IPP），以延长生产者责任为原则，通过产品生命周期提高产品环境绩效，发展环保绿色产品。

在"整合性产品政策"纲领下，欧盟自2003年起陆续公布废弃电子电气设备指令（WEEE）、有害物质限用指令（ROHS）、能耗产品生态设计指令（EUP）和化学品注册、评估、授权和限制指令（REACH）等相关指令。按照指令要求："企业在设计产品时不仅要考虑功能、性能、材料、结构等因素，还要考虑产品整个生命周期对能源、环境的影响程度。日本政府在20世纪90年代就意识到建立循环型经济的重要性，建立以绿色设计为中心的绿色研发体系，并通过多层次的立法来规范不同对象的责任和义务，以'促进建立循环社会基本法'为代表的基本法，以'促进资源有效利用法'和'固体废弃物管理和公共清洁法'为代表的综合性法律，以'容器与包装分类回收法''家电回收法''建筑材料回收''食品回收法'及'绿色采购法'等为代表的具体行业的专项法律法规，囊括开发研究、设计研究、生产研究、流通研究、销售研究、使用研究、回收研究共7个环节。"

建立循环型社会，提高资源和能源的循环使用率，是走向可持续发展的必由之路。循环型社会必然要求实现资源的"减量化、再利用、再循环"，从源头预防污染，构筑可持续生产和消费的社会系统，实现这一目标的关键就是普及绿色设计。

20世纪50年代以前，与环境保护与治理相关的国际公约仅有6项，到70年代这一数字扩大到16项，80年代猛增到100项之多，目前全球层面的保护资源和环境的国际公约、协议已经超过180项，涉及大气、陆地、海洋等各个方面。不断丰富和拓展的可持续发展战略思想，给绿色设计政策的制定和实施提供强大的政策环境支撑，这为21世纪初绿色设计政策研究的兴起提供了强大的动力。然而可持续发展战略是指引未来人类前景的方向，属于宏观的战略决策，不能落实到具体的行业，而针对设计领域的具有很强实际操作可能的绿色设计政策则是可持续发展战略"落地"的重要途径。当前设计学学科蓬勃发展，但学科设计价值观和伦理道德缺失，设计往往沦为开发商的攫取利润、欺骗消费者的手段。设计学科迫切需要新的价值观来重塑设计的先导性和科学性，内部学科发展诉求和人类社会发展迫切需求两个层面构成绿色设计政策研究的巨大动力。可以说可持续发展战略为绿色设计政策的制定和实施指引正确方向并提供强大的政策支持，而绿色设计政策也在不断地丰富和细化可持续发展战略的内涵，将人类的集体智慧用来解决生态问题，达成健康、有序发展的社会理想。

二、绿色设计

绿色设计（Green Design）也称生态设计（Ecological Design），环境设计（Design for Environment），环境意识设计（Environment Conscious Design）。在产品整个生命周期内，着重考虑产品环境属性（可拆卸性、可回收性、可维护性、可重复利用性等）并将其作为设计目标，在满足环境目标要求的同时，保证产品应有的功能、使用寿命、质量等要求。绿色设计的原则被公认为"3R"的原则，即Reduce，Reuse，Recycle，意为减少环境污染、减小能源消耗，产品和零部件的回收再生循环或者重新利用。

绿色设计（Green Design）是20世纪80年代末出现的一股国际设计潮流。绿色设计反映了人们对于现代科技文化所引起的环境及生态破坏的反思，同时也体现了设计师道德和社会责任心的回归。

在漫长的人类设计史中，工业设计为人类创造了现代生活方式和生活环境的同时，也加速了资源，能源的消耗，并对地球的生态平衡造成了极大的破坏。特别是工业设计的过度商业化，使设计成了鼓励人们无节制的消费的重要介质，"有计划的商品废止制"就是这种现象的极端表现。无怪乎人们称"广告设计"和"工业设计"是鼓吹人们消费的罪魁祸首，招致了许多的批评和责难。正是在这种背景下，设计师们不得不重新思考工业设计师的职责和作用，绿色设计也就应运而生。

设计的最大作用并不是创造商业价值，也不是包装和风格方面的竞争，而是一种适当的社会变革过程中的元素。他同时强调设计应该认真考虑有限的地球资源的使用问题，并为保护地球的环境服务。对于他的观点，当时能理解的人并不多。但是，自从20世纪70年代"能源危机"爆发，他的"有限资源论"才得到人们普遍的认可。绿色设计也得到了越来越多的人的关注和认同。

绿色产品设计包括：绿色材料选择设计；绿色制造过程设计；产品可回收性设计；产品的可拆卸性设计；绿色包装设计；绿色物流设计；绿色服务设计；绿色回收利用设计等。在绿色设计中要从产品材料的选择、生产和加工流程的确定，产品包装材料的选定，直到运输等都要考虑资源的消耗和对环境的影响。以寻找和采用尽可能合理和优化的结构和方案，使得资源消耗和环境负影响降到最低。

绿色设计来自旨在保护自然资源、防止工业污染破坏生态平衡的一场运动。虽然它今仍处于萌芽阶段，但却已成为一种极其重要的新趋向。绿色设计源于20世纪60年代在美国兴起的反消费运动。这场反消费运动是由记者帕卡德（Vance Packard）猛烈抨击美国汽车工业及其带来的废料污染问题而引发的。绿色设计本身已成为了一门工业。

如果说20世纪末的设计师是以对传统风格的扬弃和对新世纪的渴望与激情，用充满生命力的新艺术风格来迎接20世纪，那么20世纪末的设计师们则是以理性、冷静的思维辩论来反省一个世纪以来艺术设计的历史进程，不只在形式上的创新，而是展望新世纪的发展方向。于是不少设计师转向从深层次上探索艺术设计与人类可持续发展的关系，力图通过设计活动，在人与社会和环境之间建立起一种协调发展的机制，这标志着艺术设计发展的一次重大转变。经过长时间不断深入的探索与实践，工业设计为人类创造了生活环境的同时，也大大消耗了能源、资源，生态平衡遭到严重的破坏。工业设计过度的商业化，导致设计成了人们无限制消费的媒介，"计划废止制"就是在这样背景下产生的。在当时，"工业设计"与"广告设计"被人们称作是煽动人们消费的始作俑者，引起了诸多的责难与批评。正是在这种背景下，设计师们不得不重新思考工业设计师的职责和作用，绿色设计也就应运而生。绿色室内设计是建立在对人类生存环境与生态环境认识的基础上，有利于保护生态环境，减少对地球得负载，有利于人类生活环境更加健康安全。室内的环境无公害、无污染、健康舒适是消费者理想的居住环境。利用天然材料和自然元素打造自然、质朴的室内环境，特别是应用了自然材质的肌理。设计师大胆地用竹类、藤、木材、纤维织物、金属等材质，在表层处理中使用天然材料的肌理。

（一）绿色建材应用

绿色建材又称生态建材、健康建材等，是指采用清洁生产技术，少用天然资源和能源，大量使用工业或城市固态废弃物生产的无毒害、无污染、无放射性、有利于环境保护和人体健康的建筑材料。它与传统建材相比具有如下基本特性：无污染性、可再生性、节能性。绿色建材从生产到最终的使用过程，首先确保对人体和周围环境都不产生危害，是以改善生态环境，提高人们的生活质量为宗旨。绿色建材所使用的原料要求尽可能少用不可再生的天然资源，大量使用工业废弃物和城市垃圾，包括从室内更新的旧材料通过新技术，又能作为再生资源加以利用，生产出新的绿色建材。目前已研究出的无毒涂料、再生壁纸、人造板材就是一个很好的例证。节能性不仅体现在节约能源，减少不必要的浪费上，也体现在生产中的低能耗和使用低能耗的建材上。如双层玻璃具有很好的隔热保温作用。因而，绿色建材的开发与应用是今后我国建材工业的发展方向。

（二）倡导俭朴、适度的消费观念

中国是一个地大物博的国家.但是由于人口众多，人均拥有资源相对贫乏。资源显示，我们人均土地面积为世界平均水平的26%，人均耕地面积为世界平均水平的42%，人均水资源为世界平均的26%，人均能源占世界平均数的53%。中国的资源问题，不仅是人均资源的匮乏，更为严重的是在资源缺乏的同时，资源的破坏、浪费和低效率使用都是相当的惊人。全国水土流失面积已达到国土面积的38%，沙漠化土地达到18%左右，七大水系有一半严重污染。这些损失在很大程度上与发展建设有关。在如此严峻的国情面前，我们没有理由也更不应该去一味追求奢华，而应该认真地研究分析和学习我们祖先怎样在几千年的建造历史中，在相对贫乏的资源条件下创造了我国高度发展的文明和辉煌。唐代医学家、养生学家认为，居处不得绮靡华丽，只要素雅净洁，否则会诱发贪婪无厌，成为祸害之源。因此，建筑室内设计倡导适度的消费观念，倡导节约朴素的生活方式，不主张室内空间及其装饰的奢华铺张。把设计、生产和消费控制在资源和环境承受能力的范围之内，有序地进行，保障人与环境共生的可持续性。

（三）能源节约

能源的节约是室外空间设计绿色可持续发展的一大问题，通过产品的研发与环境的利用和色彩的选择，都影响室外空间能源的有效利用。室外空间中有效利用自然光源，结合色彩提升室外空间的采光度；合理布局空间分隔，组织自然风的流通与提高各空间的空气质量；增设水体设施，调节室外温湿度。同时运用不同技术的多种节能产品，也能达到能源节约的作用。

（四）植物绿化

室外空间的绿色可持续发展需要耐阴性极强、能适应室外光照、温度等环境条件的绿色植物，不仅美化室外环境、还有益人体健康，同时能够调节室外温度，吸附有害气体。例如芦荟可以减少室外的电磁辐射，可以吸收一平方米90%的甲醛，对污染的空气具有很好的净化作用；吊兰具有极强的吸收有毒气体的功能，1~2盆吊兰足以将空气中有毒气体吸收殆尽；米兰能释放有效清除二氧化碳、氯、乙烯等有害物质的氯气；龙舌兰可以在夜间吸收二氧化碳，夏天还可以帮助蒸发水分降低温度；龟背竹可以在夜间吸收二氧化碳，有效清除有害物质从而净化空气。

三、室外空间设计中绿色可持续发展的设计原则

（一）环境协调

室外空间的绿色可持续发展应着眼于人与环境有机协调为原则。通过研究人及与人相关的物体、系统及其环境，使其符合人体的生理、心理及解剖学特性，符合人的身心需求。同时，通过选材、绿化等调节室外的生态平衡系统，从而改善室外空间环境，并将居住环境与外界空间环境相融合。

（二）以人与自然为本

可持续发展观影响下的绿色室外设计提出了在尊重人类权益的同时，从"以人为中心"的设计原则上升为"人与自然"平等互惠的设计理念。室外空间中采用大量自然元素设计，促使人产生联想，达到人与自然共生。同时我们遵循自然原生态和生态系统法则，通过绿色设计来完成室外空间生态的良性循环。

（三）动态发展

不同的时期人们对于居住环境的要求是变化的，发展的。随着现代人生活水平的不断提高和生活方式的日趋多样化，以及人们对生态环境越来越深的了解，绿色设计出现在室外空间中的频率也越发频繁，生态建筑室外环境也越发受到追捧，从可持续发展的角度出发它将会成为室外空间设计的未来占主导地位。

四、室外空间设计中绿色可持续发展的技术手段

（一）室外节能技术

室外节能设计重在减少采暖、通风、空气调节和照明等严重的能耗设计，通过各种不同技术的节能材料和设施产品，合理利用自然能源，从而调节室外的环境与减少资源的浪费。例如诱导式建筑构件技术设计与节能灯具、节水型部件技术达到了室外空间设计绿色可持续发展的目的。

（二）全面绿化技术

全面绿化不同于常规的绿化，须采用立体交叉式的绿化方式来取得实效，主要表现在墙面、屋顶、外培绿化。每种绿化形式采用了防水处理技术、无土栽培技术、预先栽培技术、腐殖土生成技术和模块安装技术等绿化技术，实现室外空间绿化效果，改善室外环境生态，形成一个独立的小气候群，使空间充满生机。

（三）智能传感技术

智能传感技术的运用是绿色可持续发展的又一大突破。智能家居通过运用互联网技术，结合计算机技术、自动控制技术等对室外环境视觉、音效、湿度、温度、洁净度、色环境功能的实现。比如智能照明、智能音响、智能家居环境气候系统、智能家居系统的模糊神经网络控制等技术。

五、室外空间设计中绿色可持续发展趋势

绿色可持续发展是人与自然的一种共生的生态平衡关系，室外空间设计直接影响到居住环境和艺术表现。如今，室外空间设计应顺应社会发展，绿色可持续发展理念为室外空间设计提供了设计理念、环保材料、科学技术与市场发展等多方面的可持续发展的创新设计，并通过合理的运用，设计出平衡传统空间设计与绿色可持续发展的室外空间。只有充分控制和解决好它们的关系，才能实现人与环境真正和谐的对话，充分控制和解决好相关关系才能真正实现绿色与可持续的理念。

六、小结

建筑与自然环境是构成人文环境的重要因素，"以自然为本""以人为本"是人与环境共生和发展的前提条件。建筑室内设计生态可持续发展观的树立和运用更不是一句时尚的口号，而是当今经济社会发展与人的全面发展的迫切需求。只有充分控制和解决好它们的关系，才能实现人与环境真正和谐的对话。充分控制和解决好相关关系才能真正实现绿色与可持续的理念。

第四节　综合设计案例研究

案例：芝加哥滨河步道
设计公司：Sasaki
位置：美国

一、芝加哥河的城市生态与休闲效益

芝加哥河主干有着悠久且丰富的历史，它在很多方面呈现了芝加哥城市本身的发展。芝加哥河以前是一条蜿蜒的沼泽，后来被硬化改造为工程河道以支持城市向工业型转换。为了改善卫生情况，城市将河流主干与南边分支水流方向倒转，在此之后，建筑师与城市设计师丹尼尔·伯纳姆提出了滨河步道与瓦克道高架桥的新愿景。近十年来，河流所扮演的角色随着芝加哥滨河项目再次转换——重拾芝加哥河的城市生态与休闲效益。

图 6-6　高楼林立中的芝加哥河

几年前，由于河流的重度污染，滨河休闲是遥不可及的目标。但今天这个愿景成为现实。在水质方面的最新进展以及沿河公共休闲使用强度的提升都体现了滨河生活的增加，呼唤通向水岸的新的连接。响应这些号召，芝加哥交通部开始实施滨河步道项目，用新空间充实系统的各个部分，其中包括非常成功的退伍军人纪念广场与沃巴什广场。

图 6-7　干净的水质保证了滨河空间的利用率

第六章　生态视野下室外活动空间设计研究 | 217

　　2012 年，Sasaki、罗斯巴尼建筑事务所、阿尔弗雷德本纳什工程公司以及广泛的技术顾问团队合作，任务是为州街与湖街之间的六个街区创造愿景。在先前河流研究的基础上，此团队提出的芝加哥滨河概念规划在湖泊与城市步行系统，以及河流在城市中的支流之间提供了最后的关键连接。

图 6-8　六个街区，六个愿景

图 6-9　近两米的高差

图 6-10　大量的桥下空间

二、相对独立，与河相连的全新功能系统

将这些挑战变成机遇，团队为此线性公园提出了新的思路。取代以建筑为导向的充满直角拐弯的步道，将步道视为一个相对独立的系统——通过自身形态的变化，促进形成一系列与河相连的全新功能联系。

图 6-11 独立的滨河步道系统

三、多种街区形态

新的连接使得滨河生活更加丰富多彩，每个街区都呈现出不同形态，代表以河流为基础的一种功能。这些空间包括：

码头广场：餐厅与露天座椅使人们可以观赏河流上动态场景，包括驳船航行、消防部门巡逻、水上的士和观光船。

图 6-12 小河湾

小河湾：租赁与存放皮划艇与独木舟，通过休闲活动将人与水真切地联系起来。

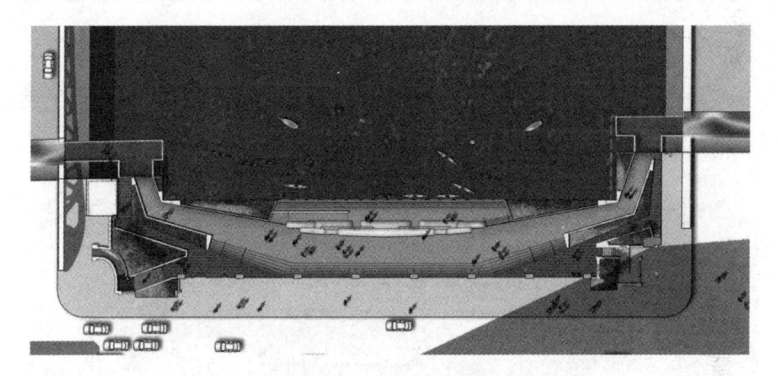

图 6-13 河滨剧院

河滨剧院：连接上瓦克和河滨的雕塑般的阶梯为人们到达河滨提供了步行联系，周边的树木提供绿色与遮阴。

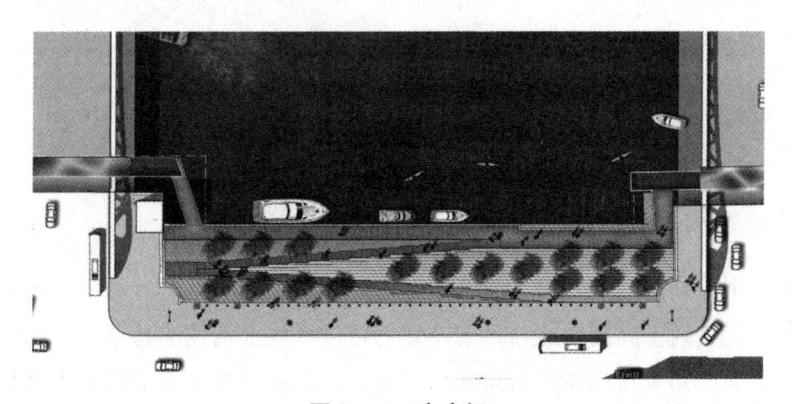

图 6-14 水广场

水广场：水景设施为孩子与家庭提供了一个在河边与水互动的机会。

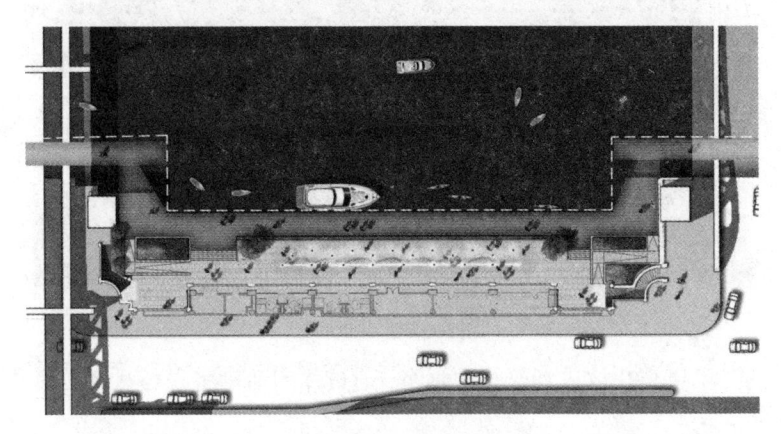

图 6-15　码头

码头：一系列码头与浮岛湿地花园为人们了解河流生态提供了互动的学习环境，包括钓鱼与认识本土植物的机会。

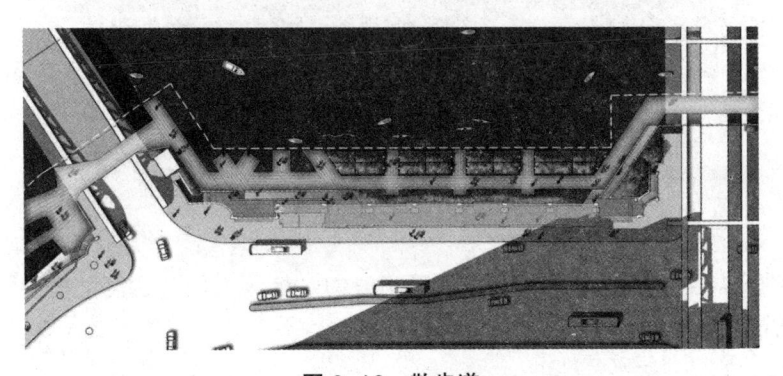

图 6-16　散步道

散步道：无障碍步道与全新的滨水边缘创造出通向湖街的连续体验，并在关键的交叉路口为未来开发建立背景。

四、全新步道系统

作为一个全新的联系步道系统，概念性规划框架为公园游客提供不间断步行体验。每个类型空间不同的功能与形态使它们可以提供滨河的多样体验，从餐饮、大规模公众活动，到全新划艇项目设施。同时，设计材料与细节沿整个项目长度提供视觉上的统一。例如，铺面体现背景现状的对比：精致的切石沿典雅的学院风格瓦克高架道路与桥屋建筑铺展开，而低层竖向与钢筋出露的桥梁下方由坚实的预制板环绕。

图 6-17　餐饮

图 6-18　皮划艇

图 6-19　垂钓

五、统一的材料与细节

为了在视觉上保持整齐、美观，滨河大道的整体设计材料大多采用木头和大理石，保持它们原本的颜色，给人一种整体感。

图 6-20　材料与细节

六、活力十足的滨河夜景

滨河大道在阶梯上镶嵌了很多夜灯，这种设计方式既节省了空间也带来一种温馨的氛围，与两旁繁华的高楼相互映衬，带给人一种活力十足的感觉。

图 6-21　滨河大道夜景

七、结合休闲功能的生态恢复策略

滨河大道的设计在为人们提供活动的同时，也对生态环境进行了一定的恢复。

因为临水，所以在绿植的选择上，设计师多选择了一些耐水湿的植物，如香蒲、浮萍等。除此之外，设计师还在水下放置了污水处理膜、沉箱和河道曝气增氧膜等来处理污水，增加水中含氧量，还为微生物提供了栖息地，一举多得。

图 6-22　滨河大道植物

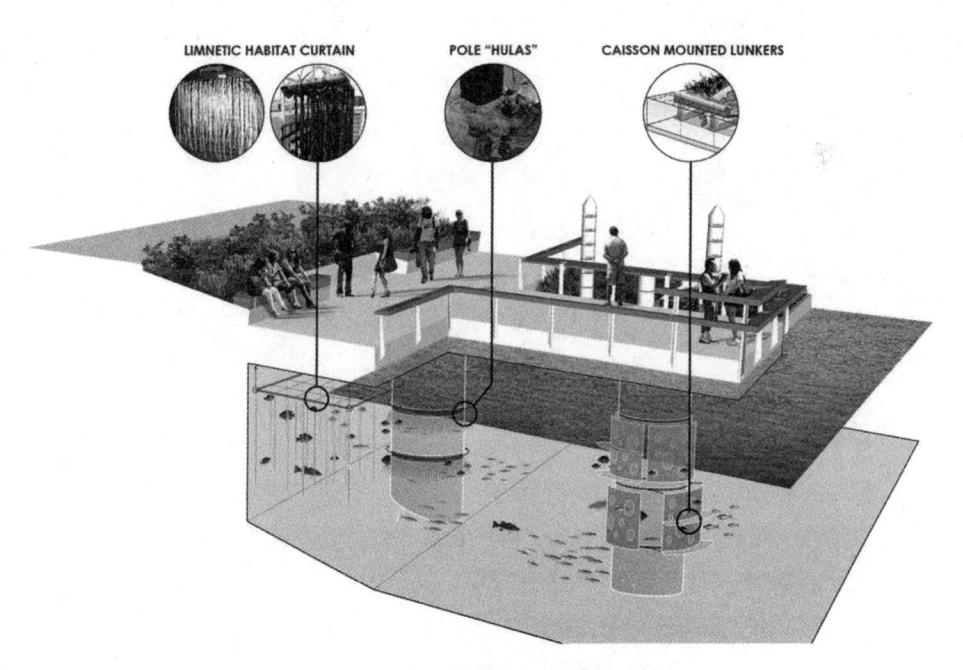

图 6-23　水下的污水处理膜和沉箱

| 224 | 生态视野下的室外活动空间设计研究

图 6-24 水下的河道曝气增氧膜

参考文献

[1] 武艳艳.生态视野下幼儿园户外活动空间设计研究[D].济南:山东师范大学,2014.

[2] 郑雅巍.传统哲学中的生态美学思想在产品设计中的应用[D].上海:上海交通大学,2007.

[3] 王瑞.居住区室外空间环境设计——郑州市居住小区实态研究[D].郑州:郑州大学,2006.

[4] 李伟星.论走向生态化的居住区室外环境设计[D].郑州:河南大学,2014.

[5] 朱艳雯.生态美学的哲学思考[D].武汉:华中师范大学,2008.

[6] 祁松林."天人合一"的生态意蕴[D].乌鲁木齐:新疆大学,2016.

[7] 李娟.从生态美学、生态知觉到健康住区室外环境的研究[D].天津.河北工业大学,2010.

[8] 杨津.基于生态美学思想的家居产品设计研究[D].上海:东华大学,2011.

[9] 徐刚,孙凤岐.建筑室外空间设计若干问题的思考[J].建筑学报,2002,3.

[10] 罗洋.居住区室外公共空间的人性化设计研究[D].西安:西安建筑科技大学,2005.

[11] 李越.新有机建筑场所关联特征研究[D].大连:大连理工大学,2007.

[12] 熊少辉.生态性与趣味性一体化的城市湿地公园景观[D].合肥:合肥工业大学,2015.

[13] 任彦涛.生态视野下建筑与环境交互性设计研究[D].大连:大连理工大学,2010.

[14] 张建强.生态与环境[M].北京:化学工业出版社,2009.4.

[15] 杨士弘.论城市生态环境可持续发展,华南师范大学报,1997(01)

[16] 钱文娟.低碳生态住区规划研究[J].河北工业大学,2010.

[17] 邹良财.园林景观规划设计的要素与原则[J].科技与生活,2011,14

[18] 徐恒淳.设计美学[M].北京:清华大学出版社,2014,7.

[19] 欧阳雪莲.中国传统居住庭院的生态美学研究[D].南昌:江西师范大学,2009.

[20] 岳友熙.生态环境美学[M].北京:人民出版社,2007,52.

[21] 何志明.住宅建筑户外空间的社会生态理念及其设计研究[D].重庆:重庆大学,2005.

[22] 孟聪龄, 王伟. 论天人合一思想在中国传统建筑中的体现 [J]. 山西建筑, 2004, 30(5).

[23] 俞大丽, 罗燕. 造物之美: 中国传统生态美学关照下的艺术设计 [J]. 江西社会科学, 2013, 11.

[24] 王冰. 现代公共建筑的室外庭院空间 [J]. 江苏建筑, 2014, 3.

[25] 吴永婷. 对城市居住区老人与儿童户外空间环境的研究 [D]. 西安: 西安建筑科技大学, 2010.

[26] 曾艺君, 钟军立. 基于景观生态学的城市居住区景观设计 [J]. 四川建筑科学研究, 2012（8）: 238-239.

[27] 黄忠. 住宅小区人工水景的问题及对策 [J]. 浙江建筑, 2007, 11.

[28] 俞孔坚. 景观: 文化, 生态与感知 [M]. 北京, 科学出版社, 2000.

[29] 周斌. 城市的立体绿化探析 [J]. 现代园艺, 2011, 15.

[30] 舒秋华. 房屋建筑学, [M], 武汉: 武汉理工大学出版社, 2010.3, 165.

[31] 赵辉. 绿色生态住宅小区实践与技术集成 [M]. 北京: 人民交通出版社, 2011, 12: 117.

[32] 黄献明. 生态设计之路——一个团队的生态设计实践 [M]. 北京: 中国建筑工业出版社, 2009: 241.

[33] 比尔. 华莱士. 可持续发展之路——工程师手册 [M]. 刘加平, 孙婧, 梁蕾, 译. 北京: 中国建筑工业出版社, 2008: 8.

[34] 陆忠君. 浅谈健康居住区规划中的人文因素 [J]. 中国新技术品, 2009（11）: 189.

[35] 李敏. 城市绿地系统与人居环境规划 [M]. 北京: 中国建筑工业出版社, 1999.45.

[36] 丁金华. 生态化的居住区环境设计初探 [D]. 南京: 东南大学, 2003.